面向工业智能化的边缘计算理论、应用与安全

刘 旸 著

CPPSUP 中国人民公安大学出版社
全 国 百 佳 图 书 出 版 单 位

图书在版编目（CIP）数据

面向工业智能化的边缘计算理论、应用与安全 / 刘旸著. -- 北京 ：中国人民公安大学出版社，2025. 5.

ISBN 978-7-5653-4964-5

Ⅰ. TN929. 5

中国国家版本馆 CIP 数据核字第 20254F1W35 号

面向工业智能化的边缘计算理论、应用与安全

刘　旸　著

责任编辑：梁　立
责任印制：王晓博

出版发行：中国人民公安大学出版社
地　　址：北京市西城区木樨地南里
邮政编码：100038
经　　销：新华书店
印　　刷：北京市泰锐印刷有限责任公司

版　　次：2025 年 5 月第 1 版
印　　次：2025 年 5 月第 1 次
印　　张：10. 5
开　　本：787 毫米×1092 毫米　1/16
字　　数：170 千字

书　　号：ISBN 978-7-5653-4964-5
定　　价：45. 00 元

网　　址：www.cppsup.com.cn　www.porclub.com.cn
电子邮箱：zbs@ cppsup.com　zbs@ cppsu.edu.cn

营销中心电话：010-83903991
读者服务部电话（门市）：010-83903257
警官读者俱乐部电话（网购、邮购）：010-83901775
教材分社电话：010-83903084

前言

2023年9月，习近平总书记在黑龙江考察调研期间首次提到新质生产力，要求“积极培育新能源、新材料、先进制造、电子信息等战略性新兴产业，积极培育未来产业，加快形成新质生产力，增强发展新动能”。当前，“战略性新兴产业”“未来产业”的潜力将会在新科技发展加持下得到更充分的释放，而传统工业要想在新模式、新业态、新动能等方面发力，更需要聚焦于“质”，利用信息化、网联化、数字化、智能化，不断进行科技融合创新；应用新兴技术，突破短板、扩大优势，加速提升内在质量，加快实现产业发展。

本书研究的边缘计算就是当前一项应用广泛的新兴技术。作为行业数字转型的核心能力底座，边缘计算获得业界的广泛关注。它是指在靠近物或数据源头的一侧，采用集网络、计算、存储、应用核心能力于一体的开放平台，就近提供最近端服务。其应用程序在边缘侧发起，产生更快的网络服务响应，满足行业在实时业务、应用智能、安全与隐私保护等方面的基本需求。

本书共有十章：第一章主要介绍工业智能化的相关概念与前景，并分析了可行性技术路线与需要重点关注的问题；第二章主要讨论边缘计算的概念以及与工业智能化的关系；第三章探讨边缘计算网关架构、交互与功能设计，为通用的边缘计算网关产品开发提供一定参考；第四章重点研究移动协作式边缘计算中的任务分配与资源调度问题，并提出一种优化解决方法；第五章是在第四章基础上研究更为复杂的模型，引入可靠性因素与容错机制，并提出一种适合的优化解决方法；第六章将边缘计算任务与移动众包激励相关联，讨论利用多种激励机制促进任务完成的模型；第七章主要从数据治理方面初步探讨边缘计算在工业领域的应用；第八章主要介绍边缘计算在工业控制优化方面的应用实例；第九章分析工业智能化以及边缘计算的安全风险，提出一定的解决思路；第十章从等保2.0角度分析边缘计算的评估要点和必要的扩展增项。本书出版后可以作为高等院校计算机、通信、物联网、信息安全等相关专业教学参考书，也可作为从事边缘计算科研人员的参考资料。

由于笔者水平有限，书中观点仅供参考。若有谬误，恳请各位专家不吝指出。

刘　旸

2024 年 8 月

目录

1 工业智能化时代

“智能化”一词已经席卷全球，它是指通过信息技术使得人类生存的各种需求得到满足的一种属性。随着我国整体国力的提升，信息技术得到飞速发展，在智能化的道路上已取得令人瞩目的成绩，在多个领域中成为世界领先者。从信息技术发展的历史看，中国在绝大多数时间处于跟随地位，笔者认为在信息领域中我国从跟随到领先的转折发生在 2012 年。

在此之前，欧美定义了电话和电视，计算机体系结构、操作系统与编程语言，互联网，第一、二代数字移动通信等。直到 1999 年，我国向 3GPP 提交的 TD-SCDMA 正式成为第三代数字移动通信（3G）的三大标准之一①，我国在信息领域的成果才算跻身一线地位。当时的 TD-SCDMA 虽然成为 3G 标准，但实际的应用却并不顺利，与其余两大欧美主导的标准依然存在差距。不过凭借 TD-SCDMA 技术积累的研发经验与大规模部署经验，2012 年我国提交的 TD-LTE 毫无争议地成为 4G 体系的主流标准之一②，并迅速进入大规模商用。同时随着 TD-LTE 的推动，国产智能手机、移动互联网、移动支付等相关领域也迎来爆发式的增长。这一年，中国成了世界上最大的智能手机消费市场；移动支付已经超过了 PC 支付。可以说，TD-LTE 的成功改变了中国人的生活方式，改变了中国商业的格局，也改变了中国信息技术的世界地位。在此之后，在 5G 技术、量子信息、人工智能等诸多信息技术领域，我国也成为世界的引

---

① 中国电子报社，TD-SCDMA 产业联盟组 . TD-SCDMA 产业十年发展历程［M］. 电子工业出版社，2008.

② TD-LTE［EB/OL］. https：//wiki. mbalib. com/wiki/TD-LTE.

领者。5G 代表着全新的通信时代，量子信息代表着全新的计算时代，人工智能代表着全新的应用时代，其中的深层意义不言而喻。无论从国家层面的资金投入，还是人才的储备，我国都已经超越了绝大多数竞争对手，可以相信在今后的信息技术赛道上，我国会在更多领域中成为开创者、引领者，而属于中国的智能化时代已经到来。

1.1 工业智能化的基本概念

工业智能化，顾名思义，是将工业赋予智能，利用新一代信息技术包括人工智能（AI）、物联网（IoT）、大数据、机器人、通信及控制等，提升工业生产的效率、质量以及安全。

认识工业智能化，首先需要理解什么是智能。按照百科定义①，智能是智慧和能力的总称，前者是智能的基础，后者是指获取和运用知识求解的能力。人作为地球上最智能的生物体，如果按照定义，人作用于任何领域，都将为该领域带来智能。工业从诞生初始，就是以人为主导，那岂不是工业智能化早就实现了？因此工业智能化中的“智能”应该更强调的是“人工智能”，即让机器像人一样思考，让工业系统拥有一个能想、能算、能控的“数字大脑”。

人工智能是在 20 世纪 50 年代被正式提出的。1949 年“信息学之父”香农发表了著名文章《编程实现计算机下棋》（*Program a Computer for Playing Chess*），这篇文章是萌芽期人工智能领域的一篇杰作②，后来的“深蓝”和 AlphaGo 都是后人在香农开拓的机器下棋领域创造的杰作。1950 年，马文·明斯基与邓恩·埃德蒙一起，建造了世界上第一台神经网络计算机 SNARC③。联

① 人工智能［EB/OL］. https：//baike. baidu. com/item/% E4% BA% BA% E5% B7% A5%E6%99%BA%E8%83%BD/9180？ fr=aladdin.

② Buchanan，Bruce G. A（Very）Brief History of Artificial Intelligence［J］. AI Magazine，2005，26（4）：53-60.

③ SNARC，HISTORY OF AI［EB/OL］. 2019. https：//historyof. ai/snarc/#：～：text=Designed%20by%20Marvin%20Minsky%2C%20the%20Stochastic%20Neural%20Analog，about%20learning%20machines%20and%20how%20to%20design%20them.

想到如今“神经网络”已成为人工智能应用最火热的技术（基于神经网络发展的深度学习），这绝对可以算是人工智能早期的重大成就。同样是在1950年，被称为“计算机之父”的阿兰·图灵提出了一个举世瞩目的想法——图灵测试。① 按照图灵的设想：如果一台机器能够与人类开展对话而不被辨别出机器身份，那么这台机器就具有智能。同时图灵还大胆预言了真正具备智能机器的可行性。1956年，在由达特茅斯学院举办的一次会议上，计算机专家约翰·麦卡锡提出了“人工智能”（Artificial Intelligence）一词②，而在今天，这个词在全世界范围出现频次之高，可能是麦卡锡也未曾想到的。近几年，人工智能的概念被大众熟知，更多的是因为人工智能跳出了学界的理论研究——论文与模型，大量成熟商品与应用已经渗透到人类日常生活中，如机场安检的人脸识别、智能手机的语音助手、电商平台的商品推荐、商场里的导引机器人、自动驾驶或辅助等。但同时我们也要清醒地意识到，许多带着“智能”名词的产品，并不具备真的人工智能。并不是用上了“电脑”就是人工智能，也不是连上了网络就是人工智能。

在工业智能化之前，工业发展经历了机械化（动力化）、电气化和自动化（信息化、数字化）。但随着科技的爆发，每一阶段的发展进程急剧缩短：18世纪末开始的机械化到20世纪初开始的电气化发展了一百多年；再到以工业可编程系统诞生为代表的自动化发展了七十年；而仅仅过了二三十年，工业已经飞速进入智能化时代。伴随着工业智能化的进程，诸多概念进入大众的视野，其中有一些非常相近，让人“云里雾里”，难以分辨，接下来我们将一一厘清、剖析这些概念，从而梳理工业智能化的发展脉络和未来趋势。

1.1.1 物联网

物联网（Internet of Things，IoT）的诞生跟工业有着密不可分的关系。“物”本身带有丰富的物理世界信息，物联网本身便是一种物与物之间的互联

---

① Buchanan，Bruce G. A（Very）Brief History of Artificial Intelligence［J］. AI Magazine，2005，26（4）：53-60.

② Buchanan，Bruce G. A（Very）Brief History of Artificial Intelligence［J］. AI Magazine，2005，26（4）：53-60.

互通的方式。原本独立的个体（信息孤岛），通过网络连接，使得物理信息获得爆发式扩张，而智能化就是从足够多的信息中产生的。1999 年“物联网”一词正式出现，麻省理工学院自动识别中心的联合创始人凯文·阿什顿在 1999 年向宝洁公司作的一次演讲中首次提到物联网，并将射频识别技术（RFID）在工业生产应用中的前景描述出来，也因此让“物联”在工业界产生了不小的影响。① 随着物联网概念的不断完善，“传感”到“采集”这种物联网的基础模式与工业常用的数据采集与监视控制系统（SCADA）一脉相承，为工业数字化提供了进一步扩展的可能，为数字化到智能化的迈进提供了基础。2005 年国际电信联盟（ITU）正式提出“物联网”概念。当年发布的《ITU 互联网报告 2005：物联网》指出：无所不在的“物联网”通信时代即将来临。② 一些国内外企业与学术界率先响应，但相对学术界的“高产”，产业界的表现相对“低调”。国内的物联网产业正式发力，一般追溯到 2009 年。2009 年 8 月，时任国务院总理的温家宝在无锡视察时提出了“感知中国”。2010 年，物联网被正式列为国家五大新兴战略性产业之一，写入了第十一届全国人大三次会议政府工作报告，物联网在中国受到了全社会极大的关注。面向各个领域的“物联网”企业如雨后春笋般集中出现，其中也包括许多面向工业的项目、产品与应用。这期间可以分为政府主导阶段与市场主导阶段。一般认为 2009—2013 年在国务院指导下，中央各部委及各省区市纷纷出台如物联网专项基金扶持、物联网示范试点工程、税收优惠等“推动物联网产业发展”的政策。在这期间的后半段，“物联网”概念逐渐降温，原因既有新概念的热炒，如大数据，也有暗暗发力与技术沉淀。2014 年前后，基于物联网的“智能硬件”成为市场主导，白色家电基本都实现了智能化，黑色家电智能化小型化的趋势也十分明显。2016 年，在拉斯维加斯的 CES 展上，来自中国的智能硬件产品占了将近 1/3。同时工业作为国家支柱产业，物联网在工业上的应用还是比较依赖国家的投入和扶持。因此，在物联网发展的第二阶段显得有

---

① 物联网［EB/OL］. https://baike.baidu.com/item/%E7%89%A9%E8%81%94%E7%BD%91/7306589?fr=aladdin.

② ITU Internet Reports, The internet of things（Ed. 2005）［R］. 2005.

些“力不从心”，但随着“工业 4.0”和智能制造概念的兴起，物联网又找到了新的支撑。

1.1.2 工业 4.0

前文提到的工业机械化、电气化与自动化也分别被称作工业 1.0、工业 2.0 和工业 3.0。工业 4.0 也被认为代表着工业的智能化。这个概念最早在 2013 年的德国汉诺威工业博览会上被正式提出，其核心目的是提高德国工业的竞争力，在新一轮工业革命中占领先机。随后德国政府将其列入《德国 2020 高技术战略》中所提出的十大未来项目之中。工业 4.0 发源于德国，可以代表德国的工业智能化，但它能否代表全世界或者中国的工业智能化呢？

首先来看“工业 4.0”的概念：旨在通过充分利用信息通信技术和虚拟物理系统（Cyber-Physical System）相结合的手段，将制造业向智能化转型。它包含了由集中式控制向分散式增强型控制的基本模式转变，目标是建立一个高度灵活的个性化和数字化的产品与服务的生产模式。在这种模式中，传统的行业界限将消失，并会产生各种新的活动领域和合作形式。创造新价值的过程正在发生改变，产业链分工将被重组。[①]

通过概念的描述，熟悉工业领域的人可能马上联想到德国的两大科技巨头：西门子与 SAP。西门子公司是世界顶尖的工业过程技术提供商，可以为工业企业提供全套的自动化、数字化系统。SAP 是全球顶级的企业管理解决方案的提供商，其 ERP 系统在工业企业中广泛应用。西门子利用硬件、通信将工业中的物理世界连接；SAP 整合工业中的资源，利用数据、软件赋能供应链。那么工业 4.0 是不是等同于“西门子+SAP”模式呢？笔者认为，这个简单的想法符合“奥卡姆剃刀原理”，德国的工业 4.0 就是这个模式。这不仅是因为德国有大量类似于西门子和 SAP 的企业，为该模式的实施提供完整的技术基础，也因其符合德国工业一贯的发展思路，即以制造与硬件为基石，自底向上发展智能化。这一点与美国的路线有所区别。

---

① 徐羽贞，叶冬等．浙江省未来 IT 标准体系与建设路径［J］．智能制造，2024（6）：38-43.

1.1.3 工业互联网

工业互联网（Industrial Internet）是美国通用公司（GE）在 2012 年提出的概念。给出的基本定义是①：新一代信息通信技术与工业经济深度融合的新型基础设施、应用模式和工业生态，通过对人、机、物、系统等的全面连接，构建起覆盖全产业链、全价值链的全新制造和服务体系，为工业乃至产业数字化、网络化、智能化发展提供了实现途径，是第四次工业革命的重要基石。用更简单的话说，工业设备通过网络与软件（云）平台连接，实现统一的智能控制与管理。由此可见，区别于德国工业 4.0 的以硬件为核心，美国的工业互联网以软件与网络为核心，自上而下实现工业智能化。不可否认，美国拥有大量优秀的软件企业，充分利用软件优势也符合美国工业的发展模式。但过度地倚重软件化也或多或少造成美国本土制造业的衰落。

我国对于工业互联网概念也有着积极响应。2017 年 11 月 19 日，《国务院关于深化“互联网+先进制造业”发展工业互联网的指导意见》正式印发，成为我国工业互联网发展的纲领性文件。2018 年 2 月 24 日，为贯彻落实该指导意见，加快推进工业互联网创新发展，加强对有关工作的统筹规划和政策协调，经国家制造强国建设领导小组会议审议，决定设立国家制造强国建设领导小组工业互联网专项工作组。2021 年 3 月 5 日，第十三届全国人大四次会议政府工作报告中指出发展工业互联网。这是政府工作报告连续第四年对工业互联网作出部署。

目前，工业互联网体系已经初步形成端—平台—云的生态组织。传统工业技术企业依旧显现出积累优势，通用电气、西门子等打通了整个生态组织；IBM、SAP、甲骨文、亚马逊在平台与云的生态中占据重要地位；华为、思科、ABB、霍尼韦尔等在端的层面也分别占有一席之地。相对于云和平台的高门槛，“端”本身就是百花齐放的局面，包括控制器、传感器、边缘网关、执行设备等，也给了新兴企业以及传统企业转型的好机会。

---

① P. C. Evans and M. Annunziata，Industrial Internet：Pushing the boundaries of minds and machines［J］. Gen. Elect.，2012，26（1）：1-23.

1.1.4 工业物联网

工业物联网（Industrial Internet of Things，IIoT）的概念具体是哪年、哪个人或机构提出的尚没有定论，因为随着物联网概念兴起，物联网在工业上应用的文章非常多，英文的简单构词就可以表述这一概念。也有人认为工业物联网是 GE 提出的，因为工业互联网与工业物联网有所关联，并且 GE 在许多报告中都对工业物联网有所描述，且重要性不亚于由它们首次提出的工业互联网。但是 GE 方面在一篇官网博文中①虽然肯定了它们对工业互联网这个概念的创造，但并没有认领“工业物联网”一词。尽管如此，GE 在对工业物联网的重新定义与架构方面也做了大量工作。同时 GE 也给出了工业物联网与工业互联网这两个相似概念的区分：工业互联网主要连接重大设备，工业物联网则连接消费者级的设备（原文：consumer-level devices）。

2017 年，由中国电子技术标准化研究院发布了《工业物联网平台白皮书（2017）》。其中认为，目前物联网进入与传统产业深度融合发展的崭新阶段，工业制造领域的转型升级成为工业物联网发展的重要驱动力，并将工业物联网架构分为四个体系：感知控制技术、网络通信技术、信息处理技术和安全管理技术。这四个体系与一般的物联网体系基本重合，差别主要体现在安全管理技术层面，工业物联网有着更高的要求。

1.1.5 智能制造

如果说工业 4.0 是德国版工业智能化，工业互联网是美国版工业智能化，那么智能制造可以说是中国版工业智能化。无论德国版还是美国版，都突出了各自的优势：德国的硬件、美国的软件都是世界顶尖。而中国在发展工业智能化方面存在一定短板，高端芯片、工业软件、工业机器人等领域存在“卡脖子”问题。工信部和财政部在 2016 年发布的《智能制造发展规划（2016—2020 年）》（本小节简称《规划》）中对智能制造明确定义：智能制造是基

① Colin Parris. What is the Industrial Internet of Things（IIoT）?［EB/OL］. GE Digital，https：//www. ge. com/digital/blog/what-industrial-internet-things-iiot.

于新一代信息通信技术与先进制造技术深度融合，贯穿于设计、生产、管理、服务等制造活动的各个环节，具有自感知、自学习、自决策、自执行、自适应等功能的新型生产方式。通过这一定义可以看出制定《规划》的专家对于中国版的工业智能化有着清晰的认识。硬件、软件在突破“卡脖子”技术方面尚需时日，大标准、大平台等基础架构也需要时间沉淀、积累，但我国在人工智能（AI）领域已经走在了世界前列，利用 AI 技术改进、升级传统工业系统与体系是短期内可以实现的，即定义中“自感知、自学习、自决策、自执行、自适应等功能”。因此，《规划》为“中国制造 2025”计划的实施提供了可行性极高的方案。

当然，AI 只是贯穿智能制造各个环节的手段。AI 可能在单个环节中取代人类甚至超越人类，但在整体中依然需要人的智慧：对制造的方方面面进行流程设计、耦合设计、制定目标、制定条件。因此，智能制造的方向未必是机器智能完全取代人，而是一种人机共生的方式，实现人在思、云在算、端在造。因此在推进智能制造的过程中，不能过度依赖 AI 技术。

1.1.6 工业智联网

随着工业物联网与工业互联网概念的兴起，工业智联网也出现在学术论文以及媒体中。这个概念最早公开出现在王飞跃、张军等于 2018 年在《自动化学报》发表的论文《工业智联网：基本概念、关键技术与核心应用》中。[①] 2020 年 4 月 8 日，《人民日报》发文《工业智联网引发工业生产新变革》，将这一概念的影响扩大。更有人把工业智联网称为工业 5.0，但本书并不支持这一说法。从名字中可以看出，“工业智联网”突出的内容为“智慧”，也是 AI 技术的体现，这也与智能制造概念相呼应。但这些相关资料中对工业智联网的描述也存在一定的问题。首先，一些学者认为工业智联网是工业互联网的升级，认为工业互联网是在系统感知与控制层面解决复杂工业系统的管控问题，而工业智联网进一步融合人工智能等新技术，推动制造走向个性化、柔性化和

---

① 王飞跃，张军，张俊，等．工业智联网：基本概念、关键技术与核心应用［J］．自动化学报，2018，44（9）：12.

云"智"造，加速制造的全流程迭代，创造全新的智慧制造模式。[①] 但实际上，无论是GE关于工业互联网的解读，还是实践中的体现，工业互联网的意义并不仅仅是"互联"而已，而是对整个工业生态的革新，面向全周期、全链条的智能管理与优化。因此从词义上认为工业互联网"不智能"有些狭隘了。其次，一些解读中，工业智联网与智能制造的概念基本重叠，强调了"智"而弱化了"网"。但从工业物联网和工业互联网的角度出发，一个是基于物联网，一个是基于IP网，都是以网络为基础扩展概念，在应用层上进行丰富。基于以上两点，本书认为工业智联网中的"智"不仅是应用层上对AI技术、大数据技术、知识工程的应用，也是新一代高速、可靠、安全、低延迟的智能网络技术，如5G在工业中的应用包括运用网络切片、空中接口多智能天线、时延敏感网络等技术，让网络更"智"。

1.1.7 工业大数据

其实无论是工业物联、互联还是智联，大数据的应用都是最关键的一环。如前所述，智能是从足够多的数据中产生的。因此工业大数据一直是企业界、学术界关注的焦点。

工业大数据显然衍生于大数据概念。2008年《自然》杂志专刊首次提到Big Data（大数据）。而在此之前，谷歌在分布式文件系统、分布式计算框架与分布式数据领域输出了重要的成果。其中，开源的分布式架构Hadoop的诞生对大数据的发展产生了深远影响。一时间人们对大数据的追捧盖过了物联网、云计算等一众概念。而工业大数据概念的产生类似于工业物联网，都是依托原生概念在工业上的应用，但具体是谁定义的并不明晰。实际上，相比在互联网企业的影响力，工业大数据并没有其他商业化大数据的发展迅猛。不得不说，近些年工业大数据的发展得益于工业4.0、智能制造的受关注度。

另外，物联网的发展也使得工业大数据实际意义得以体现。根据大数据的

① 王飞跃，张军，张俊，等．工业智联网：基本概念、关键技术与核心应用［J］．自动化学报，2018，44（9）：12.

“5V”特点（IBM 提出）①：Volume（大量）、Velocity（高速）、Variety（多样）、Value（低价值密度）、Veracity（真实性）。自动控制时期的工业数据量级不够大，数据的结构不多样；但物联网时代引入了更多的数据采集，包括传感器、视频采集、电子标签以及相应产生的上下文信息，都使得数据量与数据的结构更加丰富，满足了大数据的基本特征。在这个前提下，云计算、AI 等技术得以充分发挥优势。工业大数据在整个工业生产过程的流通，也是挖掘、提升生产价值的过程，打通完整的数据域也是工业智能化的关键。

可以根据数据在工业流程与生产链条的作用将其分为：原生数据层、预处理数据层、数据库层、数据应用层。其中随着微服务架构②的深入，数据应用层可以根据数据的粒度分为前端服务层和后端服务层，或者称作应用服务层和微服务层。而数据包含的信息价值也随着一层一层的处理得到提升。如图 1.1 所示的是一种含有微服务架构的数据分层模式：

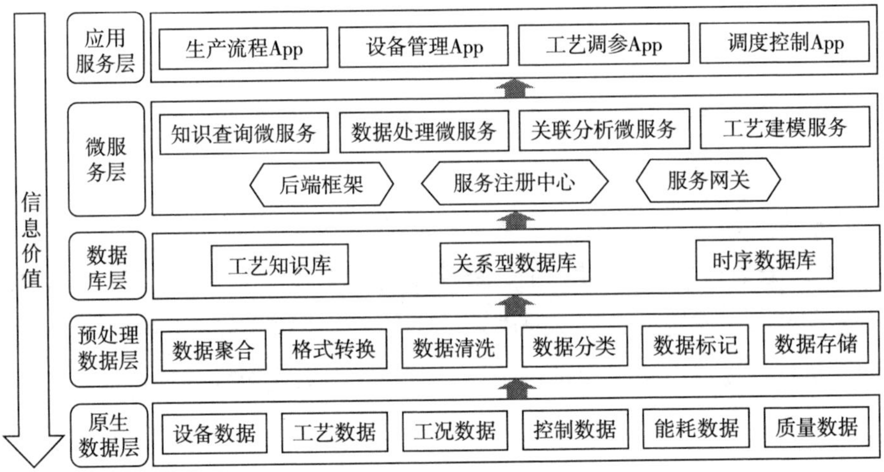

图 1.1　信息价值与分层

1.1.8　数字孪生

数字孪生（Digital Twins）是一个新兴概念。充分利用物理模型、传感器

① Anil Jain. The 5V's of big data [R]. IBM Watson Health, September 17, 2016.

② Apex: Serverless Architecture [R]. 2017, [online] Available: http: //apex. run/.

更新、运行历史等数据，集成多学科、多物理量、多尺度、多概率的仿真过程，在虚拟空间中完成映射，从而反映相对应的实体装备的全生命周期过程。数字孪生可以被视为一个或多个重要的、彼此依赖的装备系统的数字映射系统。很多人认为，数字孪生是美国密歇根大学教授 Michael Grieves 于 2002 年提出的，这种说法被 Grieves 所认可，但并没有对应的事实记录。有资料记载，数字孪生首次被明确提出是在 2011 年 3 月，美国空军研究实验室的 Pamela A. Kobryn 和 Eric J. Tuegel，作了题目为"Condition-based Maintenance Plus Structural Integrity（CBM+SI）& the Airframe Digital Twin"的报告。① 这一概念被后来德国工业 4.0 的代表西门子公司和美国工业互联网的缔造者 GE 公司所追捧，成为它们在工业智能化进程中的重要部分。可以说数字孪生是对大数据的重新塑形。传统的大数据可以拥有很高的数据维度，但这些维度并不是依托物体本身而是对物体进行数据采集的方法和方式。数字孪生就是让数据在物体仿真结构上进行表达。类似工业控制领域的 SCADA 软件，只不过数字孪生维度更多，数据表达更丰富，能实现全生命周期的数字化生态。

1.1.9 其他概念与技术

当下最火的科技概念应该就是 AI 与 5G。AI 作为计算机科学发展时间最长的领域（图灵对于 AI 的定义甚至早于计算机的发明）在近几年出现井喷。图像识别、自然语言理解、仿生机器人、自动驾驶等技术不断落地。而 AI 核心的机器学习、进化计算等方法在工业中也有了广泛的应用，某种程度上 AI 就代表智能化，工业+AI 就代表工业智能化。工业领域中的 AI 技术主要可以体现在以下几个方面：可以响应简单规则并精确控制的机械臂，可以自动识别并实现复杂规则操作的工业机器人，可以采集工业大数据并进行机器学习建模、预测、推理和决策，可以通过工业大数据自适应优化全链条中的各项业务，可以通过物联网、机器视觉技术更精准地管理时间、人与资源等。

另外，5G 也是一项非常重要的技术。不同于在消费领域的应用，5G 对于

① 工业 4.0 研究院．数字孪生体（Digital Twin）是谁提出的？［EB/OL］．（2018-07-09）．https：//www.clii.com.cn/lhrh/hgxx/201807/t20180709_3922731.html.

工业智能化的意义，完全不是4G+工业所能达到的。从新空中接口技术来说，5G支持三种基本类型的通信：增强型移动宽带（eMBB）、大规模机器类型通信（mMTC）和高可靠低延迟通信（URLLC）。其中URLLC几乎是为复杂的工业智能化量身打造的。3GPP TR 38.913对URLLC的时延和可靠性方面的指标提出了要求：UL/DL的用户面时延要求低至0.5ms，空口环回时延低于1ms；对于大小在32Byte的URLLC业务，需要在1ms的用户面时延下达到10^{-5}的BLER可靠度。① 尽管目前URLLC还在试验阶段，也存在现有授权的TDD频段不利于开展URLLC，需要FDD频段重耕等因素，但5G的优势也是其他各种网络不可比拟的。比如，智能工厂中的机器人、AGV（自动导航车）等移动体无法使用传统工业CAN总线，Wi-Fi网络的高延迟不能支持实时控制，其他网络也无法支持海量智能体的接入以及多网异构的组网问题。5G的应用必然是工业智能化中一个有效的切入点。

IPv6并不是一个新技术，1992年国际互联网工程任务组（IETF）发布了相关研究任务（白皮书）。1996年IPv6的RFC发表，最初的版本为RFC1883。2012年6月6日，国际互联网协会举行了世界IPv6启动纪念日，全球IPv6网络正式启动。2017年11月26日，中共中央办公厅、国务院办公厅印发《推进互联网协议第六版（IPv6）规模部署行动计划》，加快了国内IPv6推进的步伐。《中国IPv6发展状况白皮书（2024）》显示，全国IPv6活跃用户达7.94亿，占比达到72.70%。② 中国内地IPv6申请地址数稳定增加，已超过美、德、英等发达国家，位居全球第一。IPv6首先是对网络地址的扩容，想支持“万物互联”需要足够的网络地址。除此之外，我国拥有IPv6体系1个主根服务器、3个辅根服务器，形成自主可控的互联网体系。在网络空间安全的大背景下，IPv6是我国平等使用互联网，保障网络稳定与数据安全的重要基础。而IPv6的优势也助力了工业互联网的发展，为海量异构设备的互联互通提供高效协议，有利于扁平化的工业智能设备集中管理与运维，避免了因为IP地址

---

① 梁健生，陈晓冬. URLLC关键技术研究与空口时延分析［J］. 移动通信，2020，44（2）：6.

② 推进IPv6规模部署和应用专家委员会. 中国IPv6发展状况白皮书（2024）［R］. 2024.

不足，而通过多个网段转换、映射、穿透带来的设备冗余和网络延迟。可以说，5G 与 IPv6 的组合可以为工业智能化提供更高效可靠的通信保证。

1.2 工业智能化的意义

在全面智能化的大背景下，工业智能化承担着更重的历史使命。当今世界，全球化深刻改变着国际格局，人们对“工业强则国强”的论断有了更深刻的认识。我国从工业大国向工业强国转型的势头不可阻挡。我国拥有世界上最完备的工业体系，因此“强国”不仅需要从市场、能源、环境等角度进行合理布局、提升效率，还要利用智能化技术打造新一代工业体系，实现“弯道超车”，打破被国外垄断的一些工业领域。因此智能化技术将是提升我国工业水平的关键因素，是未来几十年重点发展方向。

人类对人工智能的期待如此之高，主要是在“摩尔定律”的加持下，计算机在数字计算能力和存储能力方面会超过人类，甚至可能达到人类难以企及的高度。尽管人工智能依然处于发展期，但许多科幻作品已经描绘了未来人工智能的场景以及人工智能全面超越人类的可能性。2021 年突然火爆的元宇宙（Metaverse）概念也在很大程度上依托于描述了人工智能参与的虚拟世界。当前，现实世界对于人工智能的运用，更多地体现在代替人工方面，而并没有过度引入原生的智能或超越人的智能，当然其中涉及许多科技伦理相关的问题。在代替人工方面，显然工业智能走在了最前沿。

虽然工业智能对于普通大众距离稍远，但或多或少可以通过电视、网络等媒体见识到工业流水线上机器臂忙碌的场景，无人操控的 AGV 运输原材料和制成品川流不息的场景，机器代替工人进入危险作业环境，机器代替工人操作复杂设备，机器代替工人进行体力劳动，甚至“无人工厂”是许多企业家梦想的场面。工业智能化是工业发展的必然阶段，而且从传统视角来看，工业智能化的发展需要先经过信息化、数字化与网络化。①

① 周宏仁．智能制造发展的三个阶段［J］．船舶工程，2018（5）：4-7.

工业信息化的发展主要是围绕着企业的业务运行而展开的。首先是企业内部信息化，这包括研发信息化、产品信息化、生产信息化、管理信息化以及业务流程和组织再造。其中产品信息化，主要是指带有标签、射频芯片的产品。产品信息化也是推动物联网发展的源头（后面还会详细介绍）。企业的外部信息化包括：产品上游的供应链包括原材料、零部件、设备供应商以及外包、人员招聘等；产品下游的批发、销售、银行、客户关系等。但此时的工业信息化与其他领域的信息化并没有太多的不同，都是用来提升管理效率的，包括：数据处理系统，如财务管理、一些统计报表处理；管理信息系统（MIS），如财务管理、人事管理、生产管理一体化等。①

虽然一般认为工业数字化是信息化之后产生的，但利用计算机来改造企业的生产装备，实际上比管理信息系统起步还要早。1952 年，即商用电子计算机发明的第二年，美国就有一家公司开发了第一台三维坐标数控铣床，这意味着计算机改变制造业的时代正式拉开了帷幕。随着大规模集成电路以及制成工艺的发展，数以亿计的各式芯片开始嵌入各种装备、产品当中去，这些芯片又通过各种接口与计算机相连，当然这也得益于计算机的飞速发展。制造业开始走向以数字制造技术为核心的计算机控制时代。② 当硬件被机器语言及命令支配成为趋势后，包装这些语言和命令的，更加系统、完备的工业软件演绎了更智能的一面。除了与硬件联动的工业控制类软件，从辅助制图 CAD，到计算机辅助工程仿真 CAE，再到计算机辅助制造 CAM 等，都对制造业的现代化产生了深远的影响。目前，我国的制造业体量世界第一，但中国的工业软件多数依靠进口，尤其是通用的、复杂的软件。尤其是近些年，出现了全三维数字化和数字仿真，标志着工业数字化向着高端方向发展。企业从订单、设计、生产到最后交付，全流程可以依赖计算机软件的控制和支撑。

工业网络化主要体现在两个方面：一是业务信息系统的互联互通。20 世纪 90 年代开始，互联网技术的全球普及使得工业企业的网络化从原先的仅限内部局域网络升级到异地、跨国连接，实现了企业管理、数据的统一性，极大

① 周宏仁．智能制造发展的三个阶段［J］．船舶工程，2018（5）：4-7.

② 周宏仁．智能制造发展的三个阶段［J］．船舶工程，2018（5）：4-7.

地提高了企业内部业务的运行效率。同时当打通了上下游企业的信息，让这些信息化时代存储于各个企业硬盘中的数据流动起来时，外部业务流程时间大大缩短。而各种内部、外部业务流程的缩短也推动许多环节的进步，如 IBM 早期大量发展计算机辅助设计的一个根本动力，就是数字化图纸可以通过网上传送，可以在全世界任何一个 IBM 的工厂生产所设计的零部件，这让当时的新产品设计速度提升了 16 倍，产品迭代的速度提高了数百倍。2000 年 9 月以波音、洛克希德·马丁、雷神等为代表的美英国防航空巨头，发起组建了 Exostar 网络协同平台进行供应链管理和协同，涵盖 16000 个不同规模的专业供应商。随后，欧洲的空中客车、达索航空、赛峰和泰雷兹，也发起设立了一个属于欧洲国防航空工业的网络化协同制造平台 BoostAeroSpace。① 二是工业生产网络化。如果把工业生产过程中的每一个环节看成一个模块，那么在网络化之前，每个模块都是一个“信息孤岛”，需要人为地把每个模块的各种信息进行收集，然后传递给下一个模块。而网络化就是让“信息孤岛”互联互通，让信息传递更加高效、流畅、自动，越是流程复杂的工业生产，网络化的优势就越明显。而这些信息的可支配，可以实现更大规模的工业控制系统，如大型的中心控制、分布式控制、现场总线控制等，形成工业生产的自动化。

工业的智能化通常要经过以上历程，同时也依托于计算科学的全面发展。在计算科学意义上的智能化，实际上包含四个基本要素：模型、算法、软件和数据。研究任何一个问题，必须首先要把物理问题的数学模型构造出来；其次需要有一套模型计算的方法，如各种微分方程和代数方程的求解；再次需要形成可以按算法重复执行计算的软件；最后在计算的时候，则需要大量的数据处理和分析。如果只是做了信息的采集、存储、处理、检索和利用，还不能算是一个智能的系统，只能算是一个简单的信息系统；即使把它们都连成网络了，仍然只是一个联网的信息系统。因此判定一个系统是不是真正的智能系统，一定要按照这四个基本要素去评估。然而中国的工业智能化之路并不平坦。许多企业还没有实现信息化、数字化与网络化就直面智能化。虽然有一种说法叫“弯道超车”，但缺少技术积累和经验，遇到的困难往往会更多。比如，作为

---

① 周宏仁．智能制造发展的三个阶段［J］．船舶工程，2018（5）：4-7.

四要素之一的工业软件，就存在“卡脖子”的问题；还有因为发展时间较短导致基础数据积累不足的问题等。因此需要在企业、政府的共同努力下，发展出一条适合国情、适合行业、适合企业的智能化道路。

1.3 工业智能化的路线

工业智能化并不能算是一个独立的概念，它只是给出工业发展的必达目的地。无论是工业 4.0、智能制造还是工业互联网，都是工业智能化方向中的相似或相关路径，无外乎都运用最新的信息技术：以数据为核心，互联、物联负责数据传输；AI 负责学习、识别、推理、决策；硬件负责数据采集、控制、计算、存储；软件负责数据集成与管理，让工业生产的每一个环节都实现优化，让整体效率最大化，解放生产力，节能减排，安全稳定。潘云鹤院士在 2019 中国工业互联网大会发表主题演讲《AI2.0 和工业经济发展智能化》中提到中国的工业智能化发展将在 5 个层次上展开：分别是工厂智能化、企业经营的智能化、产品创新的智能化、供应链链接智能化、经济调节的智能化，[①] 全面涵盖了智能化渗透于工业整体流程中的作用。

为了更好地定义与规范工业智能化在工业流程中的作用，由中国电子技术标准化研究院牵头制定了 5 项标准于 2021 年 10 月 11 日正式发布。具体标准包括[②]：

《智能制造　系统架构》（GB/T 40647—2021）由全国工业过程测量控制和自动化标准化技术委员会（SAC/TC124）和全国信息技术标准化技术委员会（SAC/TC28）归口。该标准规定了智能制造系统架构的生命周期、系统层级和智能特征三个维度，适用于机构开展智能制造的研究、规划、实施、评估和维护等，通过构建一个通用的框架，为智能制造标准化工作开展、系统规划

① 潘云鹤．AI2.0 和工业经济发展智能化［R］．2019 中国（杭州）工业互联网大会，2019.

② 正式发布！智能制造领域五项国家标准［EB/OL］．（2021-10-27）．http：//article.cechina.cn/21/1027/09/20211027093332.htm.

建设、用例开发和试点示范的提炼总结提供参考基础。

《智能制造 机器视觉在线检测系统 通用要求》（GB/T 40659—2021）由工业和信息化部归口。机器视觉在线检测是新一代人工智能技术推进制造业智能化升级的重点发展方向之一，该标准规范了制造业机器视觉在线检测系统的系统架构、功能要求和性能要求，为企业实施面向制造的机器视觉检测系统提供了方法，适用于指导企业、高校、科研院所等相关机构开展机器视觉在线检测系统的研发与应用，对于提升企业产品质量及生产效率具有重要意义。

《智能制造 虚拟工厂参考架构》（GB/T 40648—2021）和《智能制造 虚拟工厂信息模型》（GB/T 40654—20212）项国家标准均由工业和信息化部归口。GB/T 40648—2021 规定了虚拟工厂的基本组成以及构建虚拟工厂的基本要素，明确了面向产品全生命周期、设备全生命周期的虚拟工厂建设参考架构，适用于指导高等院校、研究院所、企业开发应用虚拟工厂。GB/T 40654—2021 对虚拟工厂设计、建设、改造升级及运维中的关键信息模型进行规定，重点规定了虚拟工厂信息模型的模型分类及组成、模型层次结构、模型命名、模型编码和模型信息以及模型数据管理等内容，适用于基于虚拟工厂辅助生产系统设施规划、改造及优化以及日常基于空间位置的运维管理对虚拟工厂信息模型的组织、信息创建和管理。2 项国家标准对促进数字孪生技术的实际应用和虚拟工厂相关产业的健康有序发展具有重要意义。

《智能生产订单管理系统 技术要求》（GB/T 40655—2021）由工业和信息化部归口。该标准明确了智能生产订单管理系统的系统结构及各模块技术要求，适用于指导企业、研究院所、高等院校等相关机构解决智能生产订单管理系统的研发和应用。为制造业企业科学制订生产计划和排产计划，提升企业资源利用率具有参考和指导意义。

标准与技术要求不断完善，内生概念继续丰富，涵盖领域持续扩大，但短期内在工业智能化或者智能制造在赋能传统工业领域创新、转型、升级上，还面临以下问题：

第一，架构兼容性。

许多工业企业的现有系统已经稳定运行 10 多年，经过修修补补与升级改造，整体系统比较庞杂，多个软硬件供应商的产品同时运行，存在不确定的耦合度问题。如果全新的智能化架构不能兼容老系统，就需要全面推倒重建。这种情况可能导致两个问题：一是投入过大；二是新系统磨合调试阶段产生的风险不确定。因此这些企业在智能化升级改造方面动作相对缓慢，显得比较保守、审慎。

第二，软硬件耦合性。

在工业企业中，软硬件耦合度极高，能支持全链智能化且行业渗透较高的企业不多，容易导致垄断，使得智能化成本过高，降低企业的意愿。目前，国家试点的一些智能化工厂，多数是以项目形式，由国内多家企业、高校、科研院所分工协作，共同开发、建设。而分工往往也是基于软件与硬件，因此也存在一定耦合性的影响。

第三，较高的门槛。

门槛不仅包括资金投入门槛，也包括项目实施的门槛，需要企业拥有相应的专业智能化运维团队，这种高科技含量的运维会使得人力成本增加。这些门槛对一些传统企业或者中小型企业都是一种负担，使得它们难以融入智能制造的发展浪潮。因此如何选择“智能化”的切入点是非常关键的问题。

经过笔者的走访调研与实际项目经历，许多有意愿进行智能化改造的央企国企、中小型民企会选择从生产过程智能化和生产管理智能化入手，因为这两方面都可以较直接地实现减员增效与节能减排。而其中最为直观、可行的实施方案是针对工控系统的智能化改造。原因有以下三点：一是工控系统的自动化生产的基石，是许多企业已经投入最大的信息化系统，非常希望能够更加充分的利用；二是工控系统直接反映生产的效率，是过程控制的终端模块；三是工控系统生产过程数据的主要来源，也是产生智能的源泉。针对工控系统智能化改造时，企业也对以下问题予以关注：AI 是如何参与的？实时性如何保证？安全性、可靠性如何保证？这三个问题不仅是工控系统，也是整个工业智能化领域都要解答的。

1.4 工业智能化的未来

在与工业企业尤其是民企的管理层进行工业智能化探讨交流时，他们反复提到“无人工厂”的理念。对于“无人工厂”的理解也基本没有争议，即用机器完全取代人。其实在工业自动化的阶段，已经出现了“少人工厂”：原来需要1000人的工厂，在引入自动化生产设备后只需要100人，此时优化的900人属于非高技术工人。但是，在非智能化的时代，这100人就很难进一步缩减了，因为这些人属于有经验、有技术、有思维的高级工人，难以通过一般的机器取代。若想将100人缩减到1人，则需要工业智能化极大的跨越，这时需要引入的技术将是自动化时代的百倍、千倍。国内外已经有一些企业实现了“一人工厂”，这一人作为工厂的“大脑”，负责工厂的运维、调度、决策等智慧型工作。而将一人缩减到“无人”，将是工业智能化的又一大跨越，这时要面临更多维度的技术难题与获取更高级的“智能”，因为智慧型的高级人才也要被替代。虽然“无人工厂”包含了多个阶段，但总的来说拥有以下优势：

（1）可以节省人力成本。实际情况的确反映出，随着社会的发展，人力成本不断提高。这里成本不仅是工资、社保、吃住、福利等显性成本，还包括招聘、培训、考核、安保、法制等隐性成本。

（2）可以克服人力资源的不稳定和局限性。企业以往需要根据生产订单安排人力资源，如订单增多就需要短期内大规模招聘，增加生产排班；当订单不足时，就需要裁员，减少排班。如果在需要招人时，没有足够可用的人力资源，就会面临成本大幅升高以及订单延付甚至无法完成的问题。而且人力资源毕竟存在局限性，人需要充分休息，不可能一直进行高强度工作。因此用机器替代工人，可以更好地提升企业柔性化能力。

（3）提升生产效率，尤其是重复性劳动或者主观参与的场景，如流水线、质检等工作。这类工作中机器的速度和持久性通常要高于人类。

（4）前三点重点在于优化普通人力资源，即前面提到的“900人”。而对高级人力资源的替代，可以一定程度上克服知识保护、知识流失等问题。对于关键岗位的技术人员培养隐含着极高的成本，并且这类人才掌握许多企业关键性技术、工艺等。一旦出现离职、退休就面临知识产权保护、知识流失与传承的问题。如果将知识提取为专家系统或者知识图谱，就可以保证对企业关键知识的掌控。

面对这四个优势，单从企业经营的角度出发，只需要解决前期投入与磨合的问题，后期的收益是非常显著的。可以说“无人工厂”代表了工业智能化的终极形态，虽然并不是智能化的全部，但也是现阶段想象的极限。目前，已经有许多企业引入了“无人工厂”模式，但还处于初级阶段，多数集中于生产环节，而方案制订定、流程设计、解决异常等还不够智能，需要克服的困难仍然较多，尤其是要警惕掉入成本陷阱。当100人配合自动化系统可以稳定生产时，是因为系统的软硬件没有过分复杂，可靠性较高，且人类的高容错能力是现阶段机器不可取代的。但当引入高成本、高复杂软硬件系统时，可靠性一定相应降低，同时缺少了人类的高容错能力，想要达到稳定生产的程度，实际可能需要更高的成本，如费用高昂的软硬件的维护，更高等级的信息安全保障等。

从社会伦理的角度出发，当工厂不再需要人力资源时，理论上说是解放了劳动力，但释放的劳动力何去何从却是全社会需要解决的问题。工业智能化应该是为了给人们创造更好生活而存在的，而不是造成更多社会不公的工具。因此工业智能化的未来不仅要从技术上去不断完善，还要进行更加复杂的技术伦理与未来社会架构的顶层设计，让工业智能化进程与整个社会的进步相匹配。

本章小结

本章通过梳理工业智能化相关的技术概念，印证了我国发展工业智能化的可行性思路：以人工智能技术为先，赋能传统工业领域，参考工业4.0和工业互联网的优劣势，加速实现产业升级与节能减排，增强企业的竞争力。本章在肯定了工业智能化飞速发展趋势的同时，也对工业智能化与整个社会进步的同步性有所期望，并明确了本书的态度：智能技术的发展不能带来机器与人不公平的竞争。

2 边缘计算的兴起

边缘计算绝对算是近几年最火热的几个技术概念之一，一度引起了资本市场的投资热潮。尤其是创新创业领域，逢项目必提边缘计算，也是让人有些“眼花缭乱”。在边缘计算遍地开花的背景下，本章从概念入手，梳理了其发展历史以及与工业智能化的关系，以个人视角阐述边缘计算的本质、面临的问题以及发展趋势。

2.1 边缘计算概述

2017 年常有人用章鱼类比边缘计算的特点。① 因为章鱼的大脑作为神经中枢集中了 40%的神经元，剩下 60%的神经元主要分布在八个腕足脑上，也就是八个触手上。在大脑不参与的情况下，这八个腕足脑能够令对应的触手完成独立工作。如果大脑相当于云计算中心，那么腕足脑就相当于边缘计算。这个形容非常生动贴切，而且表达了边缘计算与云计算的关系。但也有意无意地隐含着一个问题：尽管章鱼有着如此“先进”的大脑结构，但统治着地球的生物并不是章鱼，而是人类。如果将人和云计算做类比，那么边缘计算能否如同许多机构预测的那样平行于云计算甚至代替云计算呢？

---

① Hubert Yoshida, Octopus, Fog, and Vantara [R]. HITACHI, October 06, 2017, https: //hdscorp. force. com/Community/s/article/octopus--fog--and-vantara.

文字表述的边缘计算定义，参考百度百科①：边缘计算是指在靠近物或数据源头的一侧，采用集网络、计算、存储、应用核心能力为一体的开放平台，就近提供最近端服务。其应用程序在边缘侧发起，产生更快的网络服务响应，满足行业在实时业务、应用智能、安全与隐私保护等方面的基本需求。这与一些英文文献中②的定义也基本一致，就以此为准进行下面的讨论。

按照这个定义，能否回答以下问题：（1）传统的服务器算不算边缘计算？（2）传统的工控机算不算边缘计算？（3）传统的嵌入式硬件算不算边缘计算？（4）智能手机算不算边缘计算？下面依次探讨这四个问题。

首先来看服务器。其实它是通用计算机的一种，在网络中为其他客户机提供计算或者应用服务。一般认为服务器比家用计算机拥有更高速的 CPU 运算能力，能实现长时间可靠运行，更强大的数据吞吐能力以及更好的扩展性。它可以放在近终端处以获得更快的任务响应，因此可以看作一种边缘计算。

其次来看工控机，顾名思义它是一种用于工业控制的计算机。相比服务器追求 CPU 和扩展能力，工控机更注重安全性、稳定性、可靠性，但本质仍然是一种通用计算设备。用它控制近端工业设备以及相关的运算、数据存储等应用也符合边缘计算的定义。

再次嵌入式硬件在数据采集、控制等领域广泛应用。本身就注重体积小巧、节能以及易用性，非常适合终端设备使用，一般认为嵌入式的处理能力略弱于通用处理器的能力，有的嵌入式处理器只能执行一些轻量级的运算。但由于应用广泛，在许多场景中依然符合边缘计算的定义。

最后智能手机可以说是离人们日常生活最近的计算设备，拥有丰富的通信与数据采集手段，并且处理器的性能越来越强大，可以用于复杂计算。比如，日常通过摄像头录制视频，这其实是一种需要高负载计算的应用，录制好的视频再上传到云端，这也是一种典型的边缘计算，因此也符合定义。

---

① 边缘计算［EB/OL］．（2021-01-25）．https：//baike. baidu. com/item/%E8%BE%B9%E7%BC%98%E8%AE%A1%E7%AE%97/9044985？fr=aladdin.

② Edge Computing［EB/OL］. Wikipedia，https：//en. wikipedia. org/wiki/Edge_computing；What is edge computing？［EB/OL］. Cisco，https：//www. cisco. com/c/en/us/solutions/computing/what-is-edge-computing. html.

但参考许多国内外知名厂商推出的边缘计算产品来看，或多或少会感觉以上提到的几点有一些牵强。因为这些推出边缘计算方案的厂商有的是传统的服务器提供商，有的是传统的工控机提供商，有的是原有的嵌入式提供商，也有智能手机厂商。它们的边缘计算产品与原有产品相比，已然经过了改造、升级甚至重制。说明边缘计算在专业厂商眼里，除了文字定义，还有一些更复杂的认知。

例如，惠普和戴尔作为传统的服务器提供商，也各自推出了边缘计算产品：戴尔 PowerEdgeX 和惠普 HPE Edgeline。同样是基于传统 X86 架构，它们都在软件平台上下了功夫，侧重资源池化、云化、软件部署与管理、业务搭建。华研作为国内工控机的领导者之一，也推出了边缘计算设备。从主要性能上看与传统工控机没有太大差别，但从外观上看，很明显设计更紧凑，更加小型化和嵌入式化。此外，传统嵌入式提供商针对边缘计算采取了更丰富的方案，包括在原有 CPU 设计基础之上，增加硬件加速卡、专用性能芯片等，把传统嵌入式处理能力弱的劣势进行补强，如赛灵思的 ZYNQ 系列采用 ARM+FPGA 的组合，恩智浦的 i. MX8 采用了多 ARM 核及 ARM+DSP 的组合，英伟达的 Jetson AGX Xavier 采用 ARM+GPU 的组合。由这些产品可见，多数厂商认可边缘计算有增强嵌入式的特点，即小型化和低成本；也有少数厂商将边缘侧的性能需求对标了云计算或者微云（Cloudlet）。综合上述的一些方案可见，边缘计算性能在嵌入式与云计算之间弹性变化。从这个角度来看，边缘计算的形态有些宽泛，这并不利于其标准化、平台化和同构化。Gartner 与 IDC FutureScape 都采用了类似的“胖”概念（广泛的概念）定义边缘计算。Gartner 将“边缘”划分成“近边缘”和“远边缘”。[①] 近边缘指非标准服务器或设备，在距离端侧最近的地方；远边缘指标准的互联网数据中心（IDC）可以分三种类型：IDC 为主、MEC（多接入边缘计算）、内容分发网络（Content Delivery Network，CDN）等，相对来说计算能力比较强，如运营商的机房、云服务提供商的级联机房等。IDC FutureScape 将“边缘”划分成“轻边缘”

---

① Gartner：Top strategic technology trends for 2020 [R]. 2019.

和“重边缘”。① 轻边缘：低功耗计算平台，适用于工业控制、数据处理、传输等物联网场景。重边缘：数据中心维度、集中式计算平台、CDN 等。虽然“胖”概念涵盖更广，使得边缘计算重要性更大，但本章尝试从边缘计算的发展历史找出较为合理且具象的“瘦”概念，毕竟技术不是学科，没有必要包罗万象、大而全。

边缘计算最早诞生于 Akamai 的 CDN，它依靠部署在各地的缓存服务器，通过中心平台的负载均衡、内容分发、调度等功能模块，将用户的访问指向最近的缓存服务器上，以此降低网络拥塞，提高用户访问响应速度和命中率。该应用被认为是边缘计算的基本思想之一。Akamai 于 2003 年与 IBM 展开合作，在一份内部研究项目中提出“边缘计算”的目的和解决问题，并在 WebSphere 上提供基于边缘 Edge 的服务。但此之后，“边缘计算”并没有引起学术界和企业界的广泛关注，因为 2006 年 Google 首席执行官埃里克·施密特（Eric Schmidt）在搜索引擎大会上首次提出的“云计算”（Cloud Computing）概念吸引了几乎所有科技界的目光。云计算将“计算”提升到了一个全新的高度：“无所不能”的云计算。“计算”不仅仅是执行一些简单的运算和软件，而是要有求解高难度数学问题的能力，要能够高效处理海量数据/大数据。

云计算之后，移动云计算、微云、海计算、雾计算的概念相继被提出。2009 年 ABI Research 研究报告提出移动云计算的概念，旨在将移动互联网中的一些应用迁移到云计算中，降低移动终端（手机）的计算负载：轻负载的计算保留在手机端，重负载的计算迁移到云计算中。实际上，自从智能手机普及以来，类似的应用早已出现。比如，早期的许多手机杀毒软件就利用云端杀毒引擎查杀手机病毒以减轻手机端的能耗和负担。微云（Cloudlet）于 2009 年由 Satyanarayanan 等人提出②，考虑到云计算可能的过度中心化带来的延迟、安全等负面影响，将“云”进行本地化、轻量化。这种思想与边缘计算高度

① IDC, New Missions at the Government Edge: Channeling Citizen Services with Local Precision [R]. 2021. https://blogs.idc.com/2021/04/28/new-missions-at-the-government-edge-channeling-citizen-services-with-local-precision/.

② M. Satyanarayanan, P. Bahl, R. Caceres and N. Davies, The Case for VM-Based Cloudlets in Mobile Computing [R]. IEEE Pervasive Computing, 2009, 8 (4): 14-23.

一致，因此微云也被认为是边缘计算的一种重要形式。海计算 2009 年由中科院计算所提出①，从空间概念上与云计算相对应。海计算认为海量终端节点具备的计算能力从整体上看是非常可观的，可以利用这些一点一滴的计算能力，对数据进行预处理，与云计算协同工作，降低云中心的计算与网络负担。此概念也符合边缘计算的宽泛定义。实际上，海计算借鉴了更早时期的计算概念“普适计算”（Ubiquitous/Pervasive Computing），即是一个强调和环境融为一体的计算概念，计算设备可以无处不在，计算任务可以随时随地进行。可穿戴计算（Wearable Computing）也是类似的概念②。2012 年思科提出了“雾计算”的概念③，同样从空间意义上与云计算相对应。对比海计算，雾计算的物理位置层面更高。如果海计算是终端级别，那么雾计算应该就是网关级别。但雾计算和海计算还有一点重要区别，雾计算类比了云计算的模式，也就是池化计算资源，进一步定位于多网关协作的计算模式。2013 年，美国太平洋西北国家实验室的 Ryan LaMothe 在一个两页纸的内部报告中提出“edge computing”一词，这是现代“edge computing”的首次提出。然而到这个阶段，“边缘”依然没有脱颖而出成为与云计算比肩的重要概念。

上述的众多概念存在重叠的部分，本书根据应用场景与计算框架对这些概念进行了划分，如图 2.1 所示：

① 孙凝辉，徐志伟，李国杰．海计算：物联网的新型计算模型［J］．中国计算机学会通讯，2010，6（7）：52-57.

② A. Pentland，Looking at people：Sensing for ubiquitous and wearable computing［J］. IEEE Trans. Pattern Anal. Mach. Intell.，2000（1）：107-119.

③ Cisco RFP-2013-078. Fog Computing，Ecosystem，Architecture and Applications［EB/OL］. http：//www. cisco. com/web/about/ac50/ac207/crc_new/university/RFP/rfp13078. html.

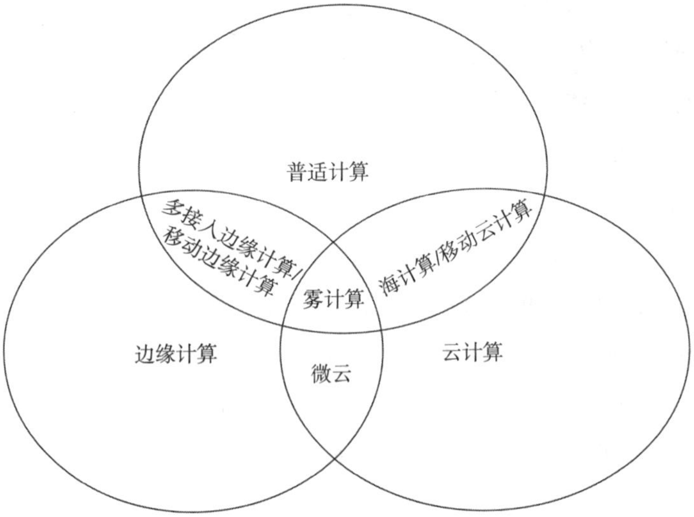

图 2.1 边缘计算相关概念的关系

重要转折来自 2014 年年底，IDC FutureScape 对物联网的长期业界趋势以及可能出现的新主题给出了预测，并指出到 2018 年物联网创建的数据中有 40%将接近网络或者网络边缘的位置被保存、处理、分析①。2015 年，学术界迎来边缘计算的时代。通过谷歌学术搜索，2015 年“边缘计算”的论文达到 1850 篇，比 2014 年多出一倍②。2015 年 9 月，欧洲电信标准化协会（ETSI）发表关于移动边缘计算的白皮书，并在 2017 年 3 月将移动边缘计算行业规范工作组正式更名为多接入边缘计算（Multi-access Edge Computing，MEC），致力于更好地满足边缘计算的应用需求和相关标准制定。2015 年 11 月，思科、ARM、戴尔、英特尔、微软和普林斯顿大学联合成立了 OpenFog 联盟，主要致力于 Fog Reference Architecture，也就是雾计算架构的编写。2016 年的第一届 ACM/IEEE Symposium on Edge Computing（SEC）会议，聚集了雾计算、微云、移动云计算、物联网等一众学术界翘楚。此时，边缘计算的热度蔓延学术界和企业界，迎来了飞速发展时期。但实际上，与云计算概念诞生类似——许多传

① IDC FutureScape：Worldwide Internet of Things Predictions [R]. Accessed：Apr. 30, 2017. [Online]. Available：https：//www. idc. com/getdoc. jsp? containerId=259856.

② 施巍松，张星洲，王一帆，等. 边缘计算：现状与展望 [J]. 计算机研究与发展，2019，56 (1)：69-89.

统的远程服务其实并没有搭建云计算平台，但都给自己贴上了“云服务”的标签，边缘计算作为新兴的概念，也必然成为众多技术“贴靠”的对象。

回归到概念本身，边缘计算中的边缘到底是哪里的边缘？回顾 IDC FutureScape 对物联网与边缘的描述，边缘指的是物联网的边缘或者是广义网络的边缘。网络边缘根据已有的定义：通常是指网络的接入层（汇接层），俗称网关。这也是一些边缘计算产品被直接称作边缘计算网关的原因。再对比 Gartner 和 IDC FutureScape 对边缘计算的定义，“近边缘”或“轻边缘”更符合这一定位，这也是本书重点关注的方向或者说本书视角中边缘计算的定义。

如果认可作为网关的边缘侧计算模式，它的目标就应该包括解决网络本身的问题和解决业务应用的问题两方面。而解决网络本身问题作为任务目标又会引出一个问题：同样是网络边缘，同样是需要高负荷的计算与数据吞吐，入侵检测系统（IDS）、入侵防护系统（IPS）、硬件防火墙算不算边缘计算？可以了解到，这些设备部署在了网络边缘，但在硬件层面往往使用数字信号处理技术（DSP）、现场可编程逻辑门阵列（FPGA）、网络处理器（NP）、专用集成电路（ASCI）作为处理器，专用性比较强，任务较独立、单一，这种设备的任务一般不认为是边缘计算。而作为边缘（智能）网关对网络提升的作用应该主要体现在海量异构数据接入的预处理、更高效的数据汇聚与转发、智能分析网络实时性能与资源优化调度、虚拟化与容器化等这种更复杂、更灵活的任务场景中。另外，将解决业务应用作为目标，需要回答的问题是计算在应用中起到哪些作用，或者说什么样的计算才算是真正的边缘计算？这是边缘计算最为重要的模式定位。

参考企业界面向具体应用推出产品的特点，如华为 Atlas、百度 EdgeBoard、寒武纪 MLU、地平线 XForce、谷歌 Coral 等，都采用搭载如 VPU（视觉处理单元）、NPU（神经网络处理单元）、TPU（张量处理单元）、DPU（深度学习处理单元）等 AI 专用加速器或模块；Intel 这种传统芯片厂也推出了 Movidius 加速棒以适配 X86 架构下（如树莓派等）的 AI 运算。可以看出，AI 已经渗透边缘计算，边缘计算支持 AI 成为了必要的功能，或者说 AI 代表着边缘计算中的“计算”是十分合理的。

从目前边缘计算的发展来看，“AI+嵌入式”的组合是边缘计算的主要方案：重点突出了敏捷性、专业性、易用性、低成本等特点，并且注重紧凑耐用、多场景适配以及单边缘体能提供的算力（TOPS）。另外，结合之前提到的雾计算模式，多边缘体可以协作参与计算任务，通过网络整合资源，形成类似于云计算的计算资源池。这种计算模式可以脱离云计算并提供强大算力，构成的资源池规模更大，应用也会更广泛，是未来边缘计算的发展方向。本书在第四、五、六章重点介绍笔者在多边缘体协作模式下的相关研究工作。

如图 2.1 所示，微云、MEC、雾计算被认为是边缘计算的三种主要形式。对这三种形式的特点进行了比较，可以一目了然判断它们的优缺点。

表 2.1　边缘计算技术形式比较

技术形式	移动性	开放度	成本	计算能力	时延
微云	低	低	高	高	中
MEC	高	中	中	低	低
雾计算	中	中	低	中	低

2.2　边缘计算与工业智能化

进入 2019 年后，边缘计算的热度持续升温，各行各业都在积极推进边缘计算的落地。在工业领域中，边缘计算在工业智能化中也扮演着重要角色，如图 2.2 所示。其中很多工业场景对边缘计算存在着天然的需求，为边缘计算的落地提供最优的“土壤”。例如，在十分普遍的场景中，通过对设备实时运行状态等信息的采集与分析，可以生成优化的决策方案；再利用通信技术将决策方案及时下达给执行设备，调整相应的运行参数以及生产调度。在工业领域已有许多成熟的解决方案使用了边缘计算的理念。这就引申出一个问题，为什么边缘计算对工业智能化如此重要，甚至称为“最佳搭档”[①]。下面我们用一系

① 施耐德电气：边缘计算，工业智能化的最佳“搭档”［J］. 世界电子元器件，2019（9）：5-8.

列问答，探讨其中的关键。

问：为什么工业智能化需要边缘计算？

答：智能化已经成为共识，智能的实现需要计算平台，边缘计算可以构建计算平台。

问：计算平台首先会想到云计算，那为什么工业智能化不能完全基于云计算，还需要边缘计算？

答：时延敏感是工业控制领域的重要因素，云计算不能保证实时性。

问：能否靠提高云计算的实时性解决这个问题？

答：理论上可行，可以提高业务优先级以及使用 TSN（时延敏感网络），但成本太高。而且上云会使得内部系统暴露在公网中，即便使用 VPN 加密专线也会被攻击，无论是否被破解或者渗透，都会对业务的可靠性、稳定性、实时性造成影响。

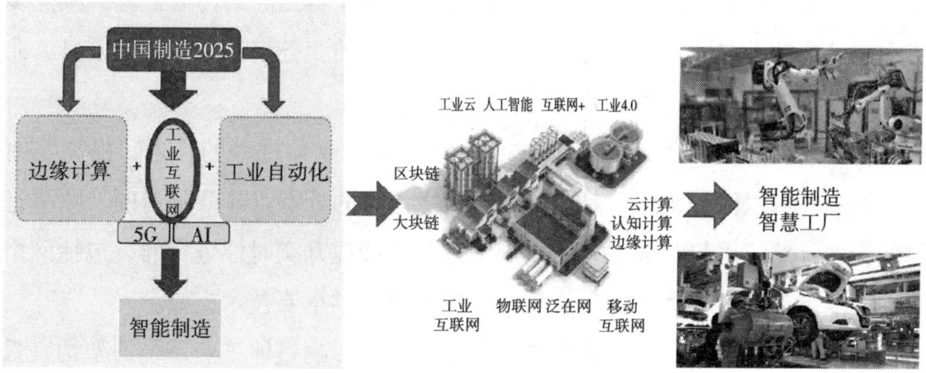

图 2.2　工业智能化的融合技术

通过上面的问答，可以一定程度上了解边缘计算应用在工业智能化领域的优势。不仅如此，通过边缘计算在企业内部形成数据闭环，避免了关键数据资产上云所带来的隐私方面的担忧。另外，边缘计算非常适合小建模、小优化、小识别等敏捷型应用，有利于低成本的快速部署和管理。总结起来，边缘计算在工业智能化中的应用可以包括如下几点：

（1）异构网络融合：通过协议转换，实现异构网络的融合，完成设备层与信息系统之间的数据交互。工业现场的设备种类繁多，通信协议五花八门，少说也有几十种。因此边缘计算单元的首要任务是各种协议的解析，先将设备层众多 OT（操作技术）协议转换成统一的数据格式，再按照网络协议需求打包，实现自动 IT 交互、无缝切换。

（2）数据存储：作为边缘计算载体的边缘网关应有一定的数据存储能力，但由于边缘网关的硬件条件的限制，存储容量不会太大。1）所存储的数据一般是缓存数据，也就是经常被边缘侧终端调用的数据，可节约与远程数据库服务器的通信资源，增加数据交互的实时性；2）也有一些存储需求属于中转性的，通过边缘的计算能力进行数据的预处理，如清洗、压缩、脱敏后的数据转发给数据中心平台；3）也有对来自设备层的实时状态数据以及报警、故障等信息进行一定时间长度的存储。这些数据往往对数据中心的重要性不高（统计意义与时序意义不高），只需要简单即时调取，而不需要长期保留。

（3）实时采集、分析、反馈：由于硬件配置的限制（如 CPU 的计算能力、内存的容量等），边缘层所进行的分析更多是简单直接的数据采集、数据处理与分析、反馈控制。利用更接近业务的优势获得更高的传输带宽，减少多层中转带来的丢包、延迟、冗余处理，提供更好的业务实时性与数据质量。尤其是在反馈控制层面，更高效、更可靠、更安全。

在上述功能中，边缘计算的核心依然是降低业务过程的延迟，提高实时性。图 2.3 可以体现出工厂是如何利用边缘计算的近特点降低延迟的。除了近侧的天然优势，边缘计算在技术发展中也是围绕提升实时性进行的，包括网络传输、业务调度、计算加速等，为工业智能化提供重要技术支撑。

面向工业智能化，现阶段的边缘计算一般不影响整体工业系统的架构，只针对相关应用进行融入。这种方案已经在许多工业场景广泛应用，大多基于以下两个方面：

第一，融入工业物联网平台架构。首先边缘计算体现在融入工业物联网的框架中。例如，在工厂车间部署多目标多层次环境监控传感器，对车间环境、设备健康状况、人员定位等进行实时监控与管理。在不影响设备本身以及 DCS（分散控制系统）系统的前提下，通过在设备外部布置声音、振动、温度等传感器，形成实时监控的设备健康诊断大数据采集系统，并通过在关键位置部署智能视频监控，针对设备磨损、器件位移等进行实时监控与识别。现场人员配备定位传感器，如 RFID、蓝牙、UWB 等模块，与工厂指定位置实时通信，形

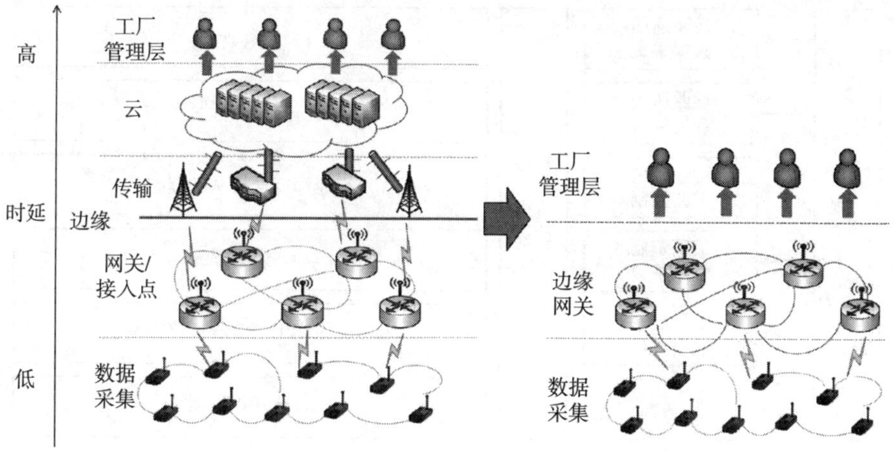

图 2.3　边缘计算提升时延性能

成人员轨迹数据，提高后台分析人员工作效率以及对指定行为的识别。多尺度传感采集的实施，可以提供时间、空间的多维异构数据，可以利用深度学习等智能算法，提供设备诊断、人员工作效率提升等智慧决策。

第二，融入生产过程控制系统。可以在 DCS 附近部署边缘网关，安全地连接智能的设备、装置或者其他生产要素，消除工业协议的复杂性多数据采集、处理及分析的壁垒，实现与大平台的对接；管理并分析数据、创建应用程序，完成纵向集成。通过对各类设备的性能评估，将设备本身参数化，形成流程设备的异构资源池，利用组合优化算法，在业务与设备利用之间建立起启发式弹性优化框架，在时间、空间、能耗、人员方面进行紧密排布，提高生产调度的效率，实现节能减排。还可根据大数据技术以及知识推理改进工艺流程，如图 2.4 所示。

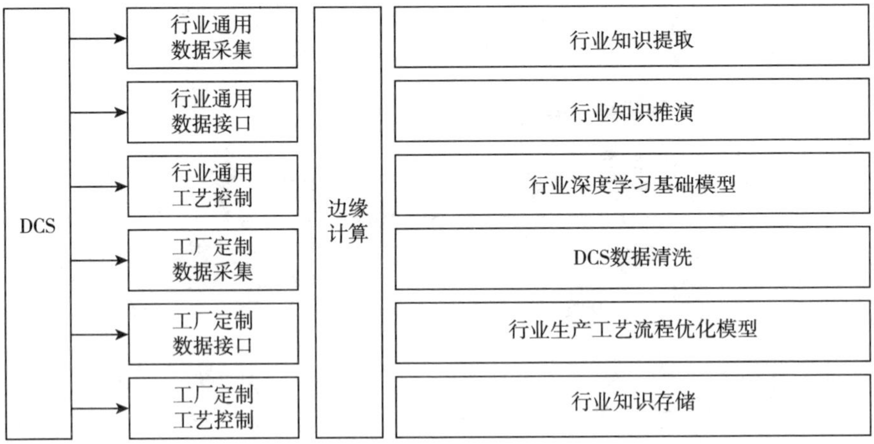

图 2.4　边缘计算与 DCS

2.3　边缘计算面临的挑战

虽然边缘计算技术发展很快，但由于大量需求的推动，实际应用走在了理论研究的前面，导致许多问题没有充分地研究清楚，面临的挑战包括理论挑战和安全与隐私保护挑战。

2.3.1　理论挑战

2020 年 12 月 10 日，中国科学院院士姚建铨在主题为《边缘计算理论科学问题初探》的报告中指出，边缘计算还有四大方面不太成熟，希望学界和企业界静下心做一些理论方面的研究，以指导整个边缘技术的发展以及边缘产业的进展。

这四大方面主要包括①：

第一，对于边缘计算理论需要根据计算任务特征，考虑不同计算模式以及多模式的协同计算的可能性。

① 姚建铨．边缘计算理论科学问题初探［R］．2020 边缘计算产业峰会，2000.

第二，对于边缘计算模糊计算的理论、定性的理论，需要考虑模糊计算的尺度、密度，模糊的目标以及预设条件等方面的问题。

第三，从边缘计算复杂性理论，需要考虑到多消耗、多约束、异构动态等复杂场景下的计算任务和整体工程的可靠性。

第四，边缘计算高效能理论也需要去探索，需要从数据高效的缓存、网络协同的传输、弹性训练推理等角度来进行优化的提升。

笔者从 2010 年开始涉及相关的研究，且在 2017 年前后的一些研究工作与姚院士的见解不谋而合。本书将在第三至六章中对部分内容的理论研究进行详细阐述，在此不做过多介绍。

2.3.2 安全与隐私保护挑战

许多人认为，边缘计算将数据从集中式管理演变成分布式管理，提高了数据的安全性，这是一种“天生优势”。但分布式与集中式到底谁更安全，这是一个具有太多变数的问题。“分布”后到底是分散了风险还是分散了安全，是分散了管理还是分散了投入？如果对系统安全投入 1000 万元，集中式可以基本做到金融级别的安全，而分布到 100 个节点后，可能每个节点连基本的网站级别安全都达不到。不考虑整体安全保护的投入，而去讨论“分布式”安全与否是没有意义的。就像仍然有很多人认为区块链是解决网络安全性的核心手段之一，每当涉及系统安全，就祭出“区块链”，根本不考虑效率与可用性。

实际上，边缘计算显著地扩大了企业的被攻击面，以往不起眼、“价值”不高的网关，将会成为重要的靶点。而边缘计算本身的安全也结合了数据中心和云计算安全的要求，以及物联网安全的规模和随机部署特点，更多的融合性交互，突破了传统的数据中心安全与终端设备安全。整个防御体系需要考虑更多的系统异构性、供应链可信性、开源协议与软件的可靠性、非自愈设备的脆弱性、威胁传播性等。当然，具体方案还要针对边缘计算的类型，雾计算、微云、MEC 面临的安全威胁还是有区别的。雾计算主要是多边缘网关资源池化带来的动态接入认证问题；微云主要是需要考虑平台（控制权）可信评估与云边协同时带来的外网入口隐患，以及高成本导致的容灾容错困难；MEC 也存在云边协同的安全隐患，同时存在多接入认证问题。

一些安全方案可以从设备本身入手：一是实现基于硬件的安全保护（加密芯片），确保本地数据加密以及密钥安全管理；二是边缘计算设备必须具有独立、唯一和一定防篡改与仿冒能力的标识（编码）；三是支持零信任网络访问（ZTNA），确保通信模式的安全；四是隐藏部署能力，通过结构设计降低被直接物理攻击的概率。还有一些方案直接利用边缘计算本身的能力，通过流量分析、协议分析、行为分析、安全多方计算、态势感知等手段，主动发现或防御已知和未知的安全威胁。

在隐私性保护方面，要确保信息的收集、存储与传输做到合法合规。部分应用要具备数据脱敏、数据混淆、数据自毁的能力，以及利用差分隐私①增强隐私性的能力。针对雾计算的任务众包模式，需要利用沙箱、同态加密②等手段，保证数据在“黑盒子”中运行而不可被提取，或者即使被提取也无法破解。

综上，一款边缘计算产品不简单是处理芯片、通信芯片、存储芯片以及一些接口就可以组装完成的简单设备，而是要求软硬件具备比云计算节点更高协同性与定制性的复杂设备，如果还要兼顾低成本、易部署、易维护，那么从各个角度来说都是一种挑战。

本章小结

本章尝试对边缘计算的概念进行剖析和一定程度概念上的收缩，找出边缘计算在工业智能化中的合理定位，并探讨了边缘计算在工业场景中的应用。也针对边缘计算在理论和安全隐私保护方面所面临的问题进行了讨论。

---

① Ninghui Li，Min Lyu，Dong Su，Weining Yang. Differential Privacy：From Theory to Practice［M］. Morgan & Claypool，2016.

② Craig Gentry. A Fully Homomorphic Encryption Scheme［D］. Stam Ford University 2009.

3 边缘计算的网关设计与技术应用

边缘计算在概念上是一种服务，但最终落地还需要一种计算载体。在上一章中，通过对比和分析，对边缘计算作为网关的角色定位进行了讨论。但边缘计算网关与传统的网关有怎样的区别以及有什么特殊需求和功能将在本章做具体论述。

3.1 边缘计算网关设计

之前章节探讨了边缘计算的功能与特点，在进行软硬件系统与架构设计时，不仅需要符合这些功能与特点，而且需要尽可能突出边缘计算在边缘侧部署的优势。但由于边缘计算概念太火了，也让十多年前的一些架构只经过简单升级就重新包装成边缘计算网关。例如，原先的 ARM 单核的嵌入式工业 DTU/RTU，只把处理器升级成 ARM 多核，就可以把名字加上“边缘”或“边缘智能”。的确，依靠处理器的增强，这种网关可以承担一些计算功能。但这种提升，真的能替代云计算，提高业务的实时性吗？显然这种架构比普通服务器的性能差得多，可以承担的场景也只能是最简单的，很难像调研机构预测的一般，在智能化时代占据重要地位。因此在设计边缘计算网关时，应该要定位于可承担复杂的应用场景，要在综合评估上对标云计算。结合第二章中的讨论，本章提出以下三点在边缘计算网关设计中的潜在需求：

（1）支持大规模、通用性部署，能够利用虚拟化技术实现类似云计算的对应功能。

（2）在云边结合架构中，支撑终端与云中心两者之间的智能交互功能以及复杂系统的自组织、自维护、自管理。

（3）支持智能网关对网络系统的优化，保证网络的可用性、实时性与弹性。

本章所设计的边缘智能网关在硬件上采用以嵌入式处理器为主并辅以专用AI加速处理器；覆盖多种异构网络，实现不同通信标准的相互融合，其中以5G、Wi-Fi或WirelessHART这类高速无线网络为主要数据传输接口；可以实现与远程云平台对接，以便进行大规模同步管理与维护；软件层采用虚拟化、容器化（云）平台，对不同功能性组建进行隔离，并实现数据清洗、数据挖掘、故障诊断等具体应用。

Bonomi等人①在讨论雾计算软件架构时提出了抽象层（abstraction）和编排层（orchestration）的结构。自从Hadoop、Spark和OpenStack可以运行在ARM核上，DataCentred等组织或个人以敏捷的方式将大数据与云计算平台移植到嵌入式平台。抽象层对应着虚拟化、容器化平台，而大数据平台通过API与抽象层互通。当然在API的设计上，边缘计算要更多地考虑灵活性、异构型与时延敏感性。此外，软件定义网络（SDN）也是近些年非常流行的概念。它可以大大降低通信设备的硬件开销以及为控制和数据层提供快速的服务编排。我们也可以看到在5G核心网"切片"对SDN概念的运用。谷歌的B4项目被认为是最典型的成功应用之一。它通过使用OpenFlow的Quagga软路由系统实现了对谷歌数据中心内网的优化。考虑到边缘计算面向的网络、硬件的异构性，更需要灵活开发与配置的通信方式，因此一些文献②也指出了SDN在边缘计算中的潜在应用。在网关设计中，计算资源可以虚拟化和容器化，同时

① F. Bonomi，R. Milito，P. Natarajan，J. Zhu. Fog Computing：A Platform for Internet of Things and Analytics（Studies in Computational Intelligence in Big Data and Internet of Things：A Roadmap for Smart Environments）[J]. Cham，Switzerland：Springer，2014，546：169-186.

② T. H. Luan，L. Gao，Z. Li，Y. Xiang，L. Sun. Fog computing：Focusing on mobile users at the edge [J]. Computer Science，arXiv：1502.01815；L. M. Vaquero，L. Rodero-Merino. Finding your way in the fog：Towards a comprehensivedefifinition of fog computing [J]. ACM SIGCOMM Comput. Commun. Rev.，2014，44（5）：27-32.

OpenStack Neutron 或者 OpenDaylight 等 SDN 模块也可以部署在上面。云平台在协助时，也可以通过对 SDN 模块的中心化控制，对此类松散的分布式系统进行个性化的配置：某些边缘节点侧重安全性，某些节点侧重连通性等。

因此，网关的总体设计如图 3.1 所示：

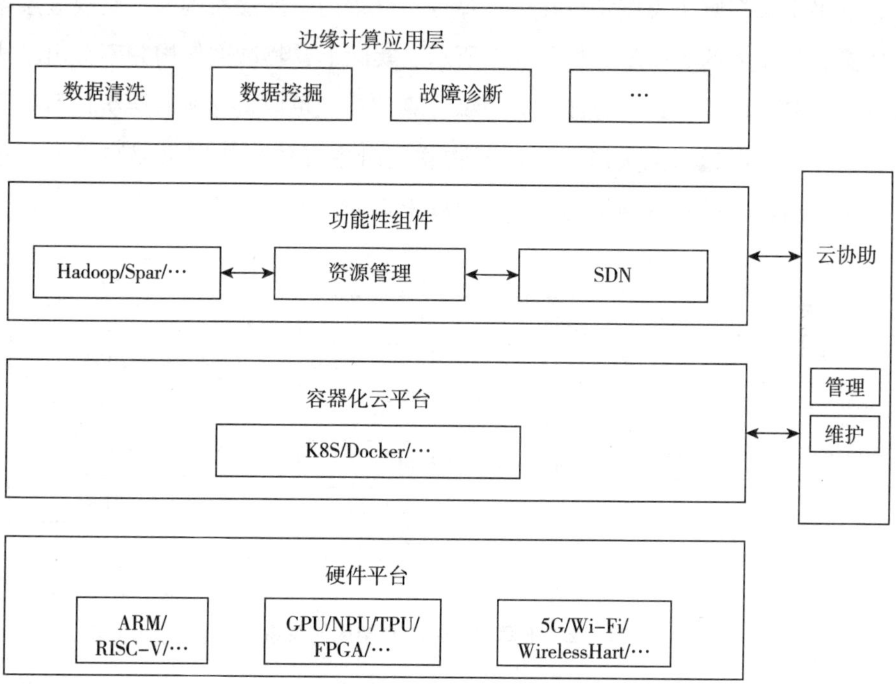

图 3.1　边缘计算网关设计

3.2　边缘计算网关架构

边缘计算主要面向的应用之一是物联网，而且要探讨边缘网关在整个网络交互中的角色，必须考虑常见的多层异构复杂网络体系（一般可认为等同于物联网体系）。那么首先需要了解物联网的主要层次架构。

在物联网概念初期，架构常以三层结构设计，如 IEEE P2413、EU CSA-

GRAS 和 CCSA 所提出的架构。之后，许多五层架构在此基础之上衍生出来。①还有一些文献考虑到在数据处理层面的云计算或数据中心可能由第三方提供，因此把它独立出来符合项目实施的可行性，因此提出了基于大数据或云计算的四层架构②。的确，海量的数据处理的压力目前仍然是物联网应用的瓶颈之一，许多学者把解决思路定位在云计算也是合理的。四层架构与三层或五层架构依然有相当大的关联度，如图 3.2 所示。实际上，物联网架构并不会由于边缘计算的参与而改变，一方面因为边缘计算的功能可以贯穿所有层次，另一方面在边缘计算以边缘网关形式作用于物联网时主要体现在网络层与数据处理层。本章所涉及的物联网架构从整体角度上偏向于四层架构。

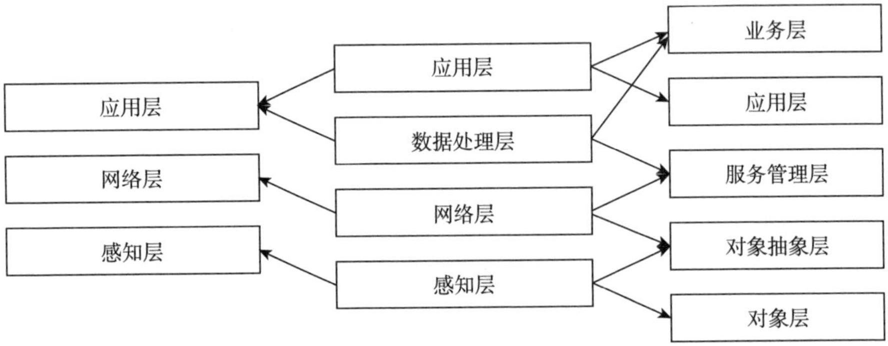

图 3.2　不同层次物联网架构的关系

物联网的自组织、自维护、自管理一直是最理想的运行模式，但由于目前物联网标准、协议、配置并不统一，实现理想模式存在很大难度，因此一般在实施项目中退而求其次，选择较为灵活的组织、维护、管理的模式。这种模式

① R. Khan, S. U. Khan, R. Zaheer, S. Khan. Future Internet: The Internet of Things architecture, possible applications and key challenges [C] //in Proc. FIT, 2012: 257-260; L. Atzori, A. Iera, G. Morabito. The Internet of Things: A survey [J]. Comput. Netw., 2010, 54 (15): 2787-2805.

② W. Lumpkins. The Internet of Things meets cloud computing [J]. IEEE Consum. Electron. Mag., 2013, 2 (2): 47-51; H. -L. Truong, S. Dustdar. Principles for engineering IoT cloud systems [J]. IEEE Cloud Comput., 2 (2); G. Hurlburt, I. Bojanova, R. Berezdivin. Computational networks: Challenging traditional programmanagement [J]. IT Prof., 2014, 16 (6): 66-69; J. Jin, J. Gubbi, S. Marusic, M. Palaniswami. An information framework for creating a smart city through Internet of Things [J]. IEEE Internet Things J., 2014, 1 (2): 112-121.

一般分为三层：终端节点、云中心与边缘网关。云端作为具有高计算性能的数据中心和控制中心，可以控制边缘网关和终端节点；边缘网关不仅仅只是收集节点数据，也能够独立处理数据或协助云中心处理数据和控制节点；终端节点自身也有一定处理数据和在线配置的能力；边缘网关协助终端节点可以实现在局部节点间的自动交互以及与云中心进行交互，这样可以保证终端节点的灵活管理与维护。同时，可以充分利用终端节点和边缘网关的计算能力，加强对数据的预处理，降低数据的复杂性、噪声和规模。

在实际项目中，大规模部署终端节点工作量很高。通常来说终端节点携带的计算程序或者软件是通过闪存烧写或者内存安装等方式提前驻留在节点内。但面向大规模的部署以及修改、维护、升级时，仅依靠终端的驻留程序是无法满足时刻变化的业务需求的。因此在处理程序的部署和节点配置上，还需要边缘网关以及云计算的支持，即云边端结合。云边端结合架构应该支持以下三种获取处理程序的方式①：

（1）节点内存

处理程序可以初始化安装于终端的闪存中。我们希望节点处理器是通用的，这样也可以加载通用的程序（根据硬件实际情况选择对应程序功能模块），而不需要针对某一类型功能硬件单独烧写对应程序。虽然会导致初始程序包更大，但可以降低初期部署时的工作量，有利于大规模的项目实施。这需要终端节点的基础底板是通用的，而硬件功能模块根据不同接口需求即插即用。

（2）云中心

程序和参数是经常需要更新的。补丁或者新版本代码可以通过云计算中心下载获得，但对于批量更新的节点这种模式将非常低效且占用网络资源。因此需要云中心与边缘网关相结合的方式下载或更新程序，如图 3.3 所示。程序通过预留通道从云端下载到网关中，然后网关通过广播的方式批量更新终端节点程序；或者根据节点需求向云中心主动申请加载程序。云中心是整个体系的管

① Yang Liu, Zhikui Chen, Xiaoning Lv. An architecture of deluge computing in the Internet of Things［C］//IEEE. Proceeding of DoIoT workshop on CPSCom&iThings 2011, 2011.

理者，但通过各级的分散管理，使得它的工作量降低，一定程度上可以提高效率。

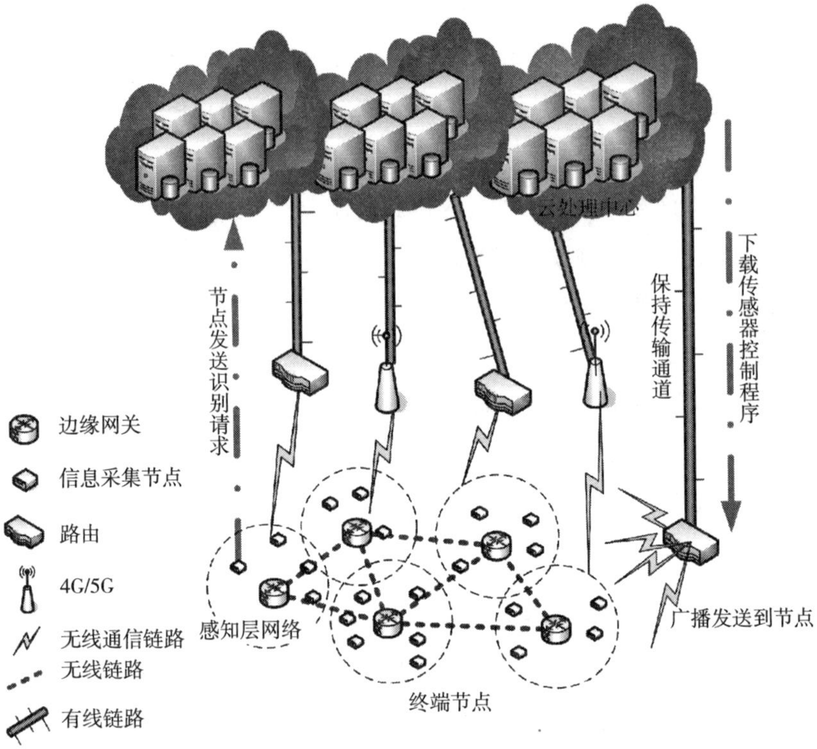

图 3.3　云中心与终端节点交互

（3）本地边缘

当新节点替换“退休”节点，不需要单独烧写程序到新节点中，而是希望相匹配的程序能自动地通过相同功能的邻居节点或者网关复制过去，这样也能达到自组织、自配置、自管理的目标，同时也更加方便终端节点大规模的部署。在为老节点更新程序或者新节点加载程序时，可以通过预留通道从云中心下发终端节点所需要的程序或命令到网关，然后网关再将程序和命令中转给终端节点。但如果网关所管理的节点很多，单纯通过网关发布程序或命令，会造成局部网络拥塞以及网关运行繁忙，因此还可以通过端到端的方式进行传输，如图 3.4 所示。比如，一个新加入的、尚未加载应用程序的节点，首先进行网络应答，声明已经加入网络；其次由携带该节点所需程序或命令的邻居节点与之进行交互。此外，邻居节点间交互的程序首先要保证可用性。因此最理想的情况是所有节点所驻留的程序是通用的，而执行的部分通过对感知模块的识别来判定，这样的端到端模式才是有意义的。边缘计算网关参与到交互中还有一个重要因素：本地的语义特征可以被用于终端节点的自适应程序配置。当终端节点调用相同硬件功能模块（如传感器），在面向不同的应用、不同的语义或不同的目标时，处理程序也不会完全一致。例如，针对室外和人体进行温度测量，由于室外温度不会无规律迅速变化，可以通过在一定程度上降低采样的频率来节省能量；而人体温度是比较敏感的，可能关系到健康，因此采样频率将会比较高。这样就要求终端节点在原程序基础上可以根据环境语义自适应修改或配置，这对于终端自身的智能性要求过高。考虑到这种本地化应用的语义基本一致，通过边缘计算网关在局域生成统一的相应修改或配置，可以提升自适应性。

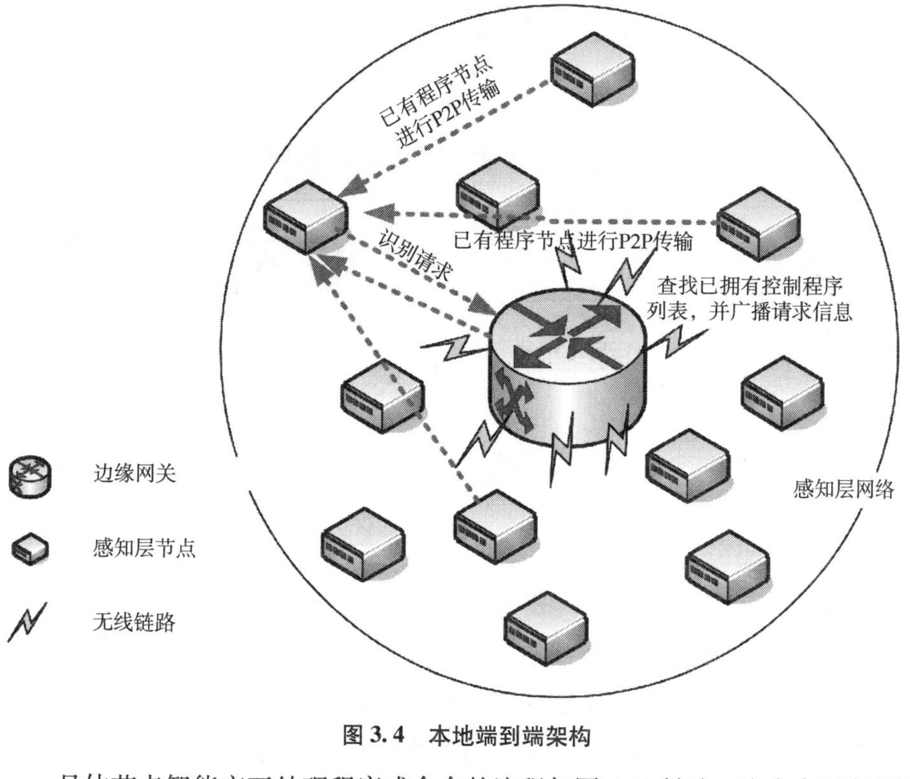

图 3.4　本地端到端架构

具体节点智能交互处理程序或命令的流程如图 3.5 所示。这个交互与配置架构可以解放云中心的工作，将部分功能转移到本地网关与节点上，充分调动网关与节点的计算资源，尽量减少交互中核心通信线路的消耗：能在本地解决的问题，绝不“麻烦”云中心。该架构依赖于终端节点软硬件通用性设计，因此需要对硬件模块的标识、接口以及节点底板、通用程序等进行全面设计。

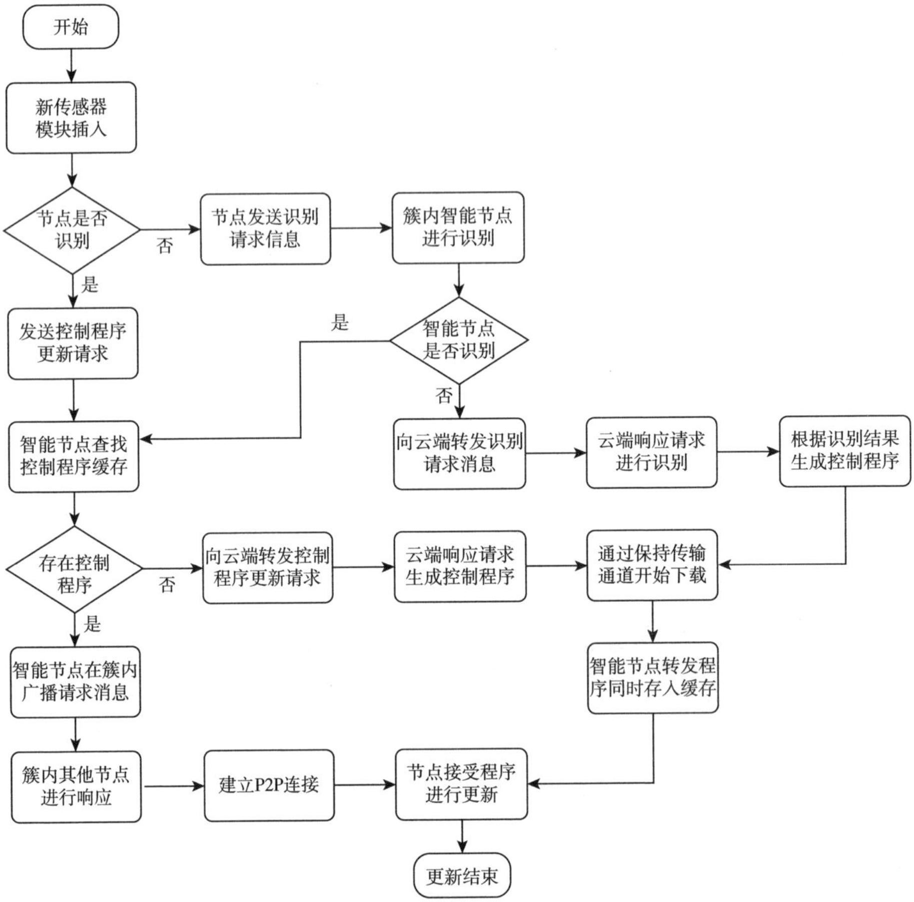

图 3.5　节点智能交互与配置的流程

云边端结合的架构是目前比较主流的路线，一部分原因还是由于边缘侧还不能实现完全的自组织、自管理，形成类似雾计算中的完全本地化计算，即在局域环境中形成网络闭环，不需要云计算的参与。云边端结合一定程度上弱化了边缘计算在本地闭环管理下的安全性和实时性，导致许多应用场景无法部署，尤其是工业领域。因此边缘计算架构仍有待进一步深度研究。

3.3 边缘网关功能设计

边缘网关作为数据处理的分布式中心，需要集数据采集、数据处理、网络融合、信息反馈等多种功能于一体。如图 3.6 所示，从功能角度可分为四大功能模块，分别是：网络管理模块、节点管理模块、数据处理模块和云中心通道模块。每个模块还包括一些子模块。下面分别介绍各个子模块的功能与意义。

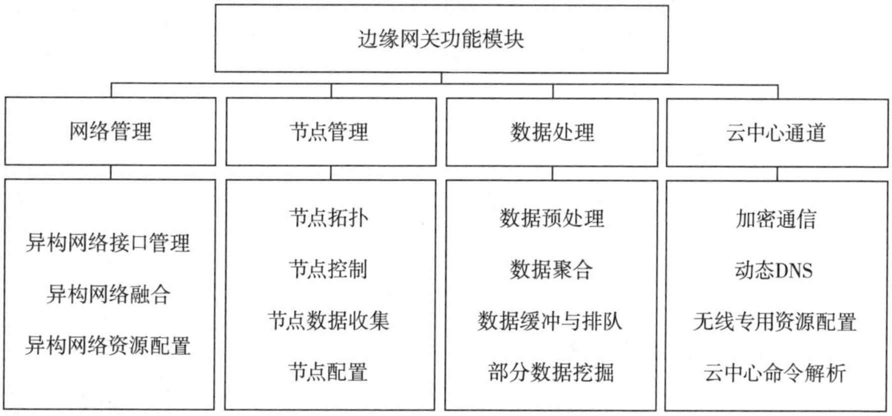

图 3.6　边缘网关的四大功能

3.3.1　网络管理模块

（1）异构网络接口管理

该子模块主要增强异构网络接口的调度能力。支持动态链表形式保存接口的名称、数量、状态、地址；支持自动的接口初始化、删除和恢复功能；支持异构网络的负载均衡及重分配功能。

（2）异构网络融合

该子模块主要增强异构网络的利用率，减少通信时延。支持异构网络协议解析；支持多网并行化的协同传输；支持基于 QoS 的多网络间的快速切换，包括垂直切换与水平切换；支持基于 SDN 和独立芯片的异网共享模块调用。

（3）异构网络资源配置

该子模块主要增强网络资源复用率以及跨层资源调度。支持基于认知无线电的异构无线网络同频带频谱共享；支持多天线技术的同频异网传输与异频同网传输；基于负载均衡的流量、频率自适应调度。

3.3.2 节点管理模块

（1）节点拓扑

该子模块主要增强网络的连通性、鲁棒性与安全性。支持节点的定位，包括北斗定位、拓扑定位、小区定位、智能天线定位；支持多种拓扑结构，包括星型结构、树型结构、链状结构、网状结构、Mesh 结构、混合结构等。

（2）节点控制

该子模块主要强化节点的可控性。支持节点的访问控制；支持节点同步；控制节点的接入与断开、休眠与唤醒、重置与维护、功能模块使用以及节点自毁等。

（3）节点数据收集

该子模块主要面向数据源。支持节点收集功能模块数据（传感器模块采集数据）；支持节点收集网络性能数据，包括信号强度、信噪比、吞吐量、延迟等；支持节点收集自身数据，包括能耗、寿命、CPU 与内存使用、存储空间等。

（4）节点配置

该子模块主要实现 3.3 节中对节点智能交互配置功能的描述。支持节点间的配置交互；支持本地间的配置交互；支持来自云中心的直接配置。

3.3.3 数据处理模块

（1）数据预处理

该子模块主要为数据后续处理做好基础性工作。支持数据的结构变换；支持数据的标注、清洗、填充；支持“脏数据”“恶意数据”处理；支持数据审核、归类、筛选；支持数据维度的重整，包括降维与升维。

（2）数据聚合

该子模块主要用于多源数据的整理。支持广泛的数据接口；支持标准化的数据格式；支持数据同步、差分更新、增量抽取；支持重复数据、近似数据的合并。

（3）数据缓冲与排队

该子模块主要提升数据传输时的可靠性与实时性。支持利用存储系统的数据缓冲；支持多种内存排队方法的数据缓冲；支持基于优先级的数据排队策略；支持全局优化的（多通道）数据排队策略。

（4）部分数据挖掘

该子模块主要面向数据的轻量级应用。支持小规模机器学习算法；支持有限次迭代的经典优化算法；支持经典统计学算法；支持粗糙集、模糊集算法。

3.3.4 云中心通道模块

（1）加密通信

该子模块主要增强在公网传输的安全性。支持多种 VPN 技术；支持多种数据加密技术；支持多重身份认证。

（2）动态 DNS

该子模块主要用于云中心在动态 IP 情况下访问边缘网关。支持 VPN 的搭建；支持反向代理。

（3）无线专用资源配置

该子模块主要增强边缘网关与云中心交互时的无线通信质量。支持多天线波束成形；支持增强频谱竞争；支持资源预留。

（4）云中心命令解析

该子模块主要解析云中心的指令，由于交互功能的多样性，命令的编码和解析也会非常复杂。支持命令行参数解析；支持功能码解析。

以上介绍的边缘网关功能设计并没有更多地考虑安全性功能，主要原因是带有安全功能的网关针对性较强，需要搭载更专用的硬件。以通用芯片应对安全问题，在数据解析、过滤、校验等方面会严重消耗系统资源，降低网络吞吐量，不利于高实时性应用。安全设备作为整个网络系统的大门，也是网络的瓶颈之处，更需要专业、慎重对待。

本章小结

本章通过提出边缘计算网关的需求，包括支持大规模、通用性部署，能够利用虚拟化技术实现类似云计算的对应功能；在云边端结合架构中，支撑终端与云中心两者之间的智能交互功能以及复杂系统的自组织、自维护、自管理；支持智能网关对网络系统的优化，保证网络的可用性、实时性与弹性，探讨了边缘计算网关的架构设计，包括软硬件、交互以及功能设计，为通用的边缘计算网关产品提供了研发思路。

4 边缘计算的任务调度算法研究

边缘计算在当前的定位以及普遍概念上，可以看作部署在网络边缘的、具有一定算力的网关，且一般认为单体边缘设备的算力要弱于通用主机（如 X86 架构服务器）。在支持复杂运算、大型优化、深度学习等方面更无法与云计算相比。但自从分布式计算诞生起，单体算力不足的问题就可以通过任务调度以形成群体算力的方式克服，本质上云计算也是群体算力的体现。其中，如何合理分配任务给各个单体计算资源、网络资源甚至电池资源、接口资源是提升群体算力的主要途径。当边缘计算以雾计算模式或其他分布式计算模式实现应用时，可以说任务调度算法决定了业务应用支撑的上限。

虽然边缘计算与云计算或者移动云计算有许多相似的地方，但在进行任务分配时，完全移植它们的方法是不可取的。现有研究可以说明它们在进行任务分配时的目标存在差异：云计算中更多地将目标集中在计算负载的均衡上；移动云计算中更多地将目标定位在能耗有效性上，而边缘计算的目标更多是要考虑增强实时性。但目前完全针对边缘计算特点的任务分配模型比较缺乏，因此本章的研究将为边缘计算中任务分配方案提供理论支撑。

4.1 国内外研究进展

4.1.1 云计算中的任务分配

在传统的云计算领域，针对任务分配的研究成果非常多。它包括两个部分：任务分割和任务调度。

国内外学者已经提出了多种云计算环境下的任务分割算法。例如，在 Hadoop 体系结构中[①]，输入的数据文件通常会被分割成均等大小的数据块存放在不同的节点上进行运算。该方法没有考虑到计算节点间处理能力的差异，在异构节点下其数据处理效果表现不佳。Facebook 提出了基于资源共享的公平调度法则（Fair Scheduling）和雅虎采用的容量调度法则（Capacity Scheduling），二者都可以实现在多用户提交作业时均匀地共享节点资源，但对于单个作业所分割的任务，却不能得到很好的处理。Zhang 等[②]提出了一种基于节点性能等级划分的理论研究方法，根据计算能力值的不同将数据放到异构环境下的 Reduce 任务上来。Fan 等[③]提出通过平衡倾斜的负载改进 MapReduce 的性能，其中在 Map 阶段采用了 Hash 分割使得在数据中心网络中分布的数据共享同样的密钥。但这个方法可能导致数据分布不均匀，因此作者在 Reduce 阶段采用了异构感知的分割来平衡负载的倾斜。这些算法很少考虑海量数据在传输过程中的通信开销，这一点的确在云计算中可以忽略，但在边缘计算中却不行，因此这些方法不能被直接移植。Gueyoung 等[④]提出了一种基于时间覆盖的任务分割算法。该算法利用时间覆盖，最大程度上缩短数据传输带来的延时。然而该算法却没有充分考虑多个节点在计算过程中的同步性，容易导致整体任务完成

---

① Q. Chen, M. Hsu, H. Zeller. Experience in continues analytics as a service (caaas) [C] //in Proc. Conf. on Extending Database Technology, 2011: 509 - 514; Y. Huang, Y. Ho, C. Lu, L. Fu. A cloud-based accessible architecture for large-scale ADL analysis services [C] // in Proc. Int'l. Conf. on Cloud Computing, 2011: 646-653.

② F. Zhang, J. Cao, W. Tan, S. U. Khan, K. Li, A. Y. Zomaya. Evolutionary Scheduling of Dynamic Multitasking Workloads for Big-data Analytics in Elastic Cloud [J]. IEEE Transactions on Emerging Topics in Computing, 2014, 2 (3): 338-351.

③ Fan Yuanquan, Wu Weiguo, Xu Yunlong, Chen Heng. Improving MapReduce Performance by Balancing Skewed Loads [J]. China Communication, 2014 (8): 85-108.

④ Gueyoung Jung, Nathan Gnanasambandam, Tridib Mukherjee. Synchronous Parallel Process of Big Data Analytics Services to Optimize Performance in Federated Cloud [C] //2012 IEEE International Conference on Cloud Computing, 2012: 811-818.

的实时性会因单个节点的拖延而降低。Aris 等①在传统云计算领域考虑了计算和网络的问题并利用了迭代的本地搜索方法进行分割处理相同问题，目标是最小化 RequestMapping 的代价以及总体上达到最少的跳数。然而，传统云计算基本上利用有线的方式组成数据中心网络，信道竞争导致的干扰比较小，因此在任务分割阶段，无论任务分成多少个分片，都可以不用考虑传输排队的问题。而边缘计算在经常面对的无线环境下，无线信道存在显著的资源利用问题，需要尽可能不因为自干扰而降低总体传输带宽。

任务调度算法一直都是云计算的重点研究内容之一。许多文献通过资源调度平衡计算负载②以及节约能耗③。此外，也有许多学者对于时延的影响进行

---

① Aris Leivadeas, Chrysa Papagianni, Symeon Papavassiliou. Efficient Resource Mapping Framework over Networked Clouds via Iterated Local Search - Based Request Partitioning [J]. IEEE Transactions on Parallel and Distributed Systems, 2013, 24 (6): 1077-1086.

② Maguluri, S. T., Srikant, R. Scheduling Jobs With Unknown Duration in Clouds [J]. IEEE/ACM Transactions onNetworking, 2014, 22 (6): 1938 - 1951; Maguluri, S. T., Srikant, R., Lei Ying. Stochastic models of load balancing and scheduling in cloud computing clusters [C] //INFOCOM, 2012: 702 - 710; Orlando, F. L., Shaw, S. B., Singh, A. K. A survey on scheduling and load balancing techniques in cloud computing environment [C] //2014 International Conference onComputer and Communication Technology (ICCCT), 2014: 87 - 95, Allahabad.; Wei Deng, Fangming Liu, Hai Jin, Bo Li, Dan Li. Harnessing renewable energy in cloud datacenters: opportunities and challenges [J]. IEEE Network, 2014, 28 (1): 48-55.

③ Xiong, N., Han, W., Vandenberg, A. Green cloud computing schemes based on networks: a survey [J]. IET Communications, 2012, 6 (18): 3294-3300; Xiaomin Zhu, Yang, L. T., Huangke Chen, Ji Wang, Shu Yin, Xiaocheng Liu. Real-Time Tasks Oriented Energy-Aware Scheduling in Virtualized Clouds [J]. IEEE Transactions on Cloud Computing, 2014, 2 (2): 168-180; Chunling Cheng, Jun Li, Ying Wang. An energy-saving task scheduling strategy based on vacation queuing theory in cloud computing [J]. Tsinghua Science and Technology, 2015, 20 (1): 28-39.

了研究。文献[①]通过设置 Deadline 的方式，确保云计算的实时性，即当任务在某个阶段时延超过 Deadline 时，任务将重新调度。但此类方法的前提是计算资源充足，有多余资源可以选择。而在边缘计算模式中，可用的计算资源将会十分有限，可用性或稳定性、计算能力和传输能力都要考虑，因此设置 Deadline 的方法不完全适合边缘计算。有一些学者将完成时间作为优化目标进行调度。李建锋等人[②]设计了一种基于遗传算法的云任务调度策略，它将任务的最大完工时间最短作为调度策略的优化目标，同时又将任务的平均执行时间作为评价调度算法优劣的重要标准，此调度算法被命名为双适应度的遗传算法。Li 等[③]提出了云环境下基于负载均衡蚁群优化的任务调度算法，该算法将任务的最大完工时间最短作为衡量调度结果优劣的标准，同时将虚拟机在整个系统的负载程度作为衡量资源实时处理任务的标准，该算法不仅能够得到比较理想的调度结果，同时能维持整个系统的负载处在一个相对均衡的状态。这些面向时延优化的传统云计算方法可以给边缘计算中的任务分配提供一定参考，但由于他们

---

① Xiaomin Zhu，Yang，L. T.，Huangke Chen，Ji Wang，Shu Yin，Xiaocheng Liu. Real-Time Tasks Oriented Energy-Aware Scheduling in Virtualized Clouds［J］. IEEE Transactions on Cloud Computing，2014，2（2）：168-180；Rodriguez，M. A.，Buyya，R. Deadline Based Resource Provisioning and Scheduling Algorithm for Scientific Workflows on Clouds［J］. IEEE Transactions on Cloud Computing，2014，2（2）：222-235；Plankensteiner，K.，Prodan，R. Meeting Soft Deadlines in Scientific Workflows Using Resubmission Impact［J］. IEEE Transactions on Parallel and Distributed Systems，2012，23（5）：890-901；Polo，J.，Becerra，Y.，Carrera，D.，Steinder，M.，Whalley，I.，Torres，J.，Ayguade，E. Deadline-Based MapReduce Workload Management［J］. IEEE Transactions on Network and Service Management，2013，10（2）：231-244；Yang Wang，Wei Shi. Budget-Driven Scheduling Algorithms for Batches of MapReduce Jobs in Heterogeneous Clouds. IEEE Transactions on Cloud Computing，2014，2（3）：306-319；Doulamis，N. D.，Kokkinos，P.，Varvarigos，E. Resource Selection for Tasks with Time Requirements Using Spectral Clustering［J］. IEEE Transactions on Computers，2014，63（2）：461-474.

② 李建锋，彭舰．云计算环境下基于改进遗传算法的任务调度算法［J］. 计算机应用，2011，31（1）：184-186.

③ Kun Li，Gaochao Xu. Cloud Task Scheduling Based on Load Balancing Ant Colony Optimization［C］//2011 Sixth Annual Chinagrid Conference（ChinaGrid），2011：3-9.

没有考虑无线网络的特点，因此优化模型相对简单。文献[1]虽然研究了无线数据中心网络的调度问题，但只针对信道分配，并没有考虑计算资源在调度中的影响。

4.1.2 移动云计算中的任务分配

移动云计算中的任务分配主要是考虑到许多移动终端的任务可能有着计算量大、能耗高的特点，如果在移动终端直接处理会使得电池消耗过快，因此它的主要目标是减少移动终端能耗[2]。许多文献将此问题命名为任务卸载（offloading）[3] 或任务迁移（migration）[4]。由于 MCC 中通信代价会使得任务整体迁移消耗更多的能量，因此需要考虑将任务进行分割，一部分迁移或卸载到云中心，另一部分留在本地处理。文献[5]提出的分割方法没有充分利用并行、协同

---

① Yong Cui, Hongyi Wang, Xiuzhen Cheng, Dan Li, Antti Yla-Jaaski. Dynamic Scheduling for Wireless Data Center Networks [J]. IEEE Transactions on Parallel and Distributed Systems, 2013, 24 (12): 2365-2374.

② Shiraz, M., Gani, A., Khokhar, R. H., Buyya, R. A Review on Distributed Application Processing Frameworks in Smart Mobile Devices for Mobile Cloud Computing [J]. IEEE Communications Surveys & Tutorials, 2013, 15 (3): 1294-1313; Dong Huang, Ping Wang, Dusit Niyato. A Dynamic Offloading Algorithm for Mobile Computing [J]. IEEE Transactions on Wireless Communications, 2012, 11 (6): 1991-1995.

③ Xiaoqiang Ma, Yuan Zhao, Lei Zhang, Haiyang Wang, Limei Peng. When mobile terminals meet the cloud: computation offloading as the bridge [J]. IEEE Network, 2013, 27 (5): 6-11.

④ Gkatzikis, L., Koutsopoulos, I. Migrate or not? exploiting dynamic task migration in mobile cloud computing systems [J]. IEEE Wireless Communications, 2013, 20 (3): 24-32.

⑤ Byung-Gon Chun, Sunghwan Ihm, Petros Maniatis, Mayur Naik, Ashwin Patti. CloneCloud: Elastic Execution between Mobile Device and Cloud [C] //Proc. EuroSys'10, 2010: 301-314, Salzburg, AU; Eduardo Cuervoy, Aruna Balasubramanianz, Dae-ki Cho. MAUI: Making Smartphones Last Longer with Code Offload [C] //Proc. MobiSys'10. ACM press, 2010: 49-62, San Francisco, CA, USA; I. Giurgiu, O. Riva, D. Juric, I. Krivulev, G. Alonso. Calling the Cloud: Enabling Mobile Phones as Interfaces to Cloud Applications [C] //Proceedings of Middleware'09, 2009: 1-20; Xinwen Zhang, Anugeetha Kunjithapatham, Sangoh Jeong, Simon Gibbs. Towards an elastic application model for augmenting the computing capabilities of mobile devices with cloud computing [J]. Mobile Networks and Applications, 2009, 16 (3): 270-284.

的优势，不能充分发挥边缘计算的特点。Yang 等[①]提出了针对吞吐量优化的视频处理资源调度架构，但并没有提及如何确保实时性。Moo-Ryong Ra 等[②]提出了 Odessa 模型，采用并行计算的方式处理实时视频数据流。该模型基于 Sprout 架构并采用静态任务分配模型。通过人脸识别、物体识别以及姿势识别三种应用，体现出该架构在完成时间上相比其他模型有明显优势，但并没有给出进一步优化完成时间的策略。也有一些方法与传统云计算中方法类似设置 Deadline[③]，之前分析过，该方法并不适合边缘计算。

---

① Lei Yang，Jiannong Cao，Shaojie Tang，Tao Li，Alvin T. S. Chan，A Framework for Partitioning and Execution of Data Stream Applications in Mobile Cloud Computing ［C］ //2012 IEEE Fifth International Conference on Cloud Computing，2012：794-802，HI.

② Moo-Ryong Ra，Anmol Sheth，Lily Mummert，Padmanabhan Pillai，David Wetherall，Ramesh Govindan. Odessa：enabling interactive perception applications on mobile devices ［C］ //ACM MobiSys'11，2011：43-56，Washington，DC，US.

③ Weiwen Zhang，Yonggang Wen，Wu，D. O. Collaborative Task Execution in Mobile Cloud Computing Under a Stochastic Wireless Channel ［J］. IEEE Transactions on Wireless Communications，2015，14（1）：81-93；Truong-Huu. Tram，Chen-Khong，Niyato，Dusit. To Offload or to Wait：An Opportunistic Offloading Algorithm for Parallel Tasks in a Mobile Cloud ［C］ //2014 IEEE 6th International Conference on Cloud Computing Technology and Science（CloudCom），2014：182－189，Singapore；Zhang，W.，Wen，Y.，Chen，H. －H. Toward transcoding as a service：energy-efficient offloading policy for green mobile cloud ［J］. IEEE Network，2014，28（6）：67-73.

4.1.3 雾计算

Bonomi 等①、Madsen 等②、Stojmenovic 等③、Cisco④ 都阐述了雾计算与物联网的关系以及未来展望并认为雾计算是物联网发展的新动力和关键技术之一。由于雾计算从思想上借鉴了云计算，因此在许多理论和技术上也可以借鉴。但雾计算也有着云计算包括移动云计算不具备的特点和需求，尤其是对实时性的需求。

实际上，相比微云和 MEC，雾计算代表着一种更复杂的边缘计算模式，需要更多的理论支撑。在具体科学问题的研究上，虽然雾计算起步早于边缘计算，但由于雾计算研究较为困难且边缘计算概念更容易被人接受，雾计算的研究几乎被边缘计算压制，仍处于或者说停留在了比较初期的阶段，可参考的论文较少。Hong 等⑤提出了一个针对大规模、低延迟、地理空间特性场景的高级编程模型，称作“移动雾”，但该模型并不是一个普适模型，只针对一些特殊场景。Ottenwalder 等⑥提出一个云和雾的部署和迁移的方法，确保应用定义和

---

① F. Bonomi, Connected vehicles, the internet of things, and fog computing [C] //The Eighth ACM International Workshop on VehiculAr Inter-Networking (VANET), Las Vegas, USA, 2011. ; Flavio Bonomi, Rodolfo Milito, Jiang Zhu, Sateesh Addepalli. Fog Computing and Its Role in the Internet of Things [C] //Proceeding of MCC'12. ACM, 2012: 13-16, NY, USA.

② H. Madsen, G. Albeanu, B. Burtschy, F. Popentiu-Vladicescu, Reliability in the utility computing era: Towards reliable fog computing [C] //2013 20th International Conference on Systems, Signals and Image Processing (IWSSIP), 2013: 43-46.

③ Ivan Stojmenovic, Sheng Wen. The Fog computing paradigm: Scenarios and security issues [C] //Proceedings of the 2014 Federated Conference on Computer Science and Information Systems, 2014: 1-8.

④ Cisco. Cisco delivers vision of fog computing to accelerate value from billions of connected devices [R]. Cisco, Tech. Rep. , 2014.

⑤ Hong, D. Lillethun, U. Ramachandran, B. Ottenwälder, B. Kold-ehofe. Mobile fog: A programming model for large-scale applicationson the internet of things [C] //Proceedings of the Second ACM SIGCOMM Workshop on Mobile Cloud Computing, MCC'13. ACM, 2013: 15-20.

⑥ B. Ottenwalder, B. Koldehofe, K. Rothermel, and U. Ramachandran. Migcep: Operator migration for mobility driven distributed complex event processing [C] //Proceedings of the 7th ACM International Conference on Distributed Event-based Systems, DEBS'13. ACM, 2013: 183-194.

端到端延迟限制并且减少网络使用。但该工作只考虑了网络的使用，却并没有考虑到雾节点作为计算节点带来的负载情况。这些文献虽然提到了确保实时性，但并没有对时延有针对性地进行优化，尤其是在与云计算类似的任务分配方面。

本节主要面向边缘计算中雾计算架构，提出了基于协作模式的边缘计算框架，并通过任务分配进行了针对任务时延的优化。通过理论研究，探索了边缘计算的潜在应用与未来发展方向。

4.2 基于协作模式的边缘计算框架

4.2.1 任务模式

因为边缘计算的初衷便是满足实时性计算的需求，协作模式的边缘计算重点需要考虑任务分配与异构资源调度时产生的时延问题。

基于协作模式的边缘计算的应用一般分为三种，如图 4.1 所示。模式一代表的是数据分布式传输类型的应用。[①] 任务发起者发出数据请求，响应者分别下载（生成）及传输部分数据，最后由任务发起者合并数据，完成整个任务。这种应用主要是存在下载或生成数据时延以及传输数据时延，任务发起者下发请求的数据量极小，这部分传输时延可以忽略不计。模式二代表的是分布式计

① B. Ottenwalder, B. Koldehofe, K. Rothermel, and U. Ramachandran. Migcep: Operator migration for mobility driven distributed complex event processing [C] //Proceedings of the 7th ACM International Conference on Distributed Event-based Systems, DEBS'13. ACM, 2013: 183-194; M. -F. Leung and S. -H. Chan, Broadcast-based peer-to-peer collaborative video streaming among mobiles [J]. IEEE Trans. Broadcast., 2007, 53 (1): 350-361; Y. Liu, M. Hefeeda. Video streaming over cooperative wireless networks [C] //Proc. ACM MMSys., 2010: 99-110; C. -H. Lee, C. -M. Huang, C. -C. Yang, H. -Y. Lin. The k-hopcooperative video streaming protocol using h. 264/svc over the hybrid vehicular networks [J]. IEEE Trans. Mobile Comput., 2014, 13 (6): 1338-1351.

算类型的应用[①]，任务发起者将数据分发给响应者，由后者对相应的部分数据进行计算并回传计算结果，最后由任务发起者收集所有结果。这种应用产生的时延主要是数据下发阶段和响应者计算时延，回传计算结果数据量也是极小的，这部分传输时延同样可以忽略不计。模式三代表的是一种更通用的模式，任务发起者将数据下发给响应者，后者处理数据并将处理过的数据回传给前者并由前者整合。可以把模式一和模式二看作模式三的特殊情况，即整个过程中由于下发或回传的数据量极小从而忽略了该过程，而通常模式三需要考虑数据下发、数据处理与数据回传三个过程的时延。

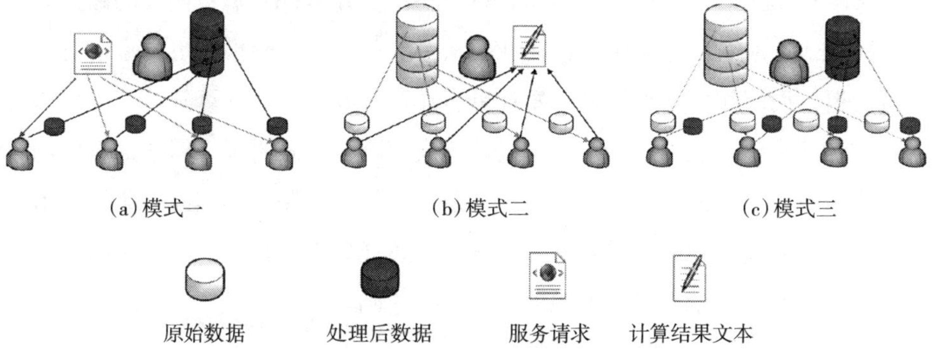

图 4.1　协作模式的分类

由于协作的边缘节点可能存在资源异构性，任务分发时需要考虑到协作节点不同的计算性能和网络性能，从而分配不同大小的任务片段。这种任务分配方式也可以称作弹性任务分配，后面会详细讨论。

4.2.2　通信模式

边缘计算网关互相通信可以采用有线、无线以及混合多种方式。在有线通信中，无论是光纤还是六类及以上网线都可以稳定进行 1Gbps 以上点对点通信。在协作模式下，也就是局域网络范围内，数据传输的时延在一定程度上可以忽略不计，也就是云计算平台在资源调度上很少考虑内网传输带来时延的原

① G. Jung, N. Gnanasambandam, T. Mukherjee. Synchronous parallel processing of big-data analytics services to optimize performance in federated clouds [C] //Proc. IEEE CLOUD, 2012: 811-818.

因。但如果考虑无线通信模式，边缘计算框架在时延建模方面就会变得更复杂。毕竟无论从传输速率还是用户容量方面，无线通信的性能多数情况弱于有线通信。但随着多链路无线传输的发展，单一无线网络，如 5G 和 Wi-Fi6 以上版本，可以运用 MU-MIMO① 技术以提升任务并行分发的效率，提升边缘计算的实时性，而多个无线网络也可以利用不同的空中接口全力并行传输。因此在分布式计算模式下，或者说用网络性能分摊计算性能的模式下，利用多链路并行传输将是本章理论的一个前提。

从网络的连通性出发，边缘计算通信还可以分为单跳模式和多跳模式。比如，文献②采用了单跳模式。而 Vaquero 等③的工作考虑到边缘网关的路由属性即多跳模式以应对节点流失和移动性。从事实上讲，单跳模式主要考虑更少的传输延迟，而多跳模式重点在于发现更多计算资源以降低计算延迟。如果所有网络与计算资源参数可以获得，可以计算决定哪种模式更好。但如果整体的可靠性作为不可忽略的因素，就需要更复杂的考量与机制。例如，多跳模式引入了更多存在断连风险的无线链路，会导致整体任务失败概率升高。在第五章会讨论这个问题，本章中只以单跳模式为框架基础。

4.2.3 任务流程

基于任务模式和通信模式，可以通过以下流程描述整个计算框架，如图 4.2 所示：

---

① Liu L, Chen R, Geirhofer S, et al. Downlink MIMO in LTE-advanced: SU-MIMO vs. MU-MIMO [J]. IEEE Communications Magazine, 2012, 50 (2): 140-147.

② T. H. Luan, L. Gao, Z. Li, Y. Xiang, L. Sun. Fog computing: Focusing on mobile users at the edge [J]. arXiv: 150201815. Available: https: //arxiv. org/abs/1502. 01815.

③ L. M. Vaquero, L. Rodero-Merino. Finding your way in the fog: Towards a comprehensive defifinition of fog computing [C] //ACM SIGCOMM Comput. Commun. Rev., 2014, 44 (5): 27-32.

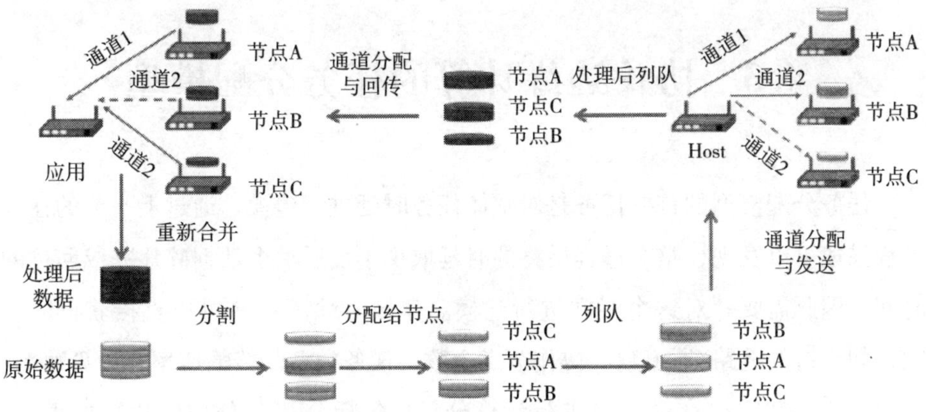

图 4.2 任务流程示例

（1）原始数据被分成大小不同的数据碎片。

（2）数据碎片被分配给参与协作的节点，图 4.2 中表示三个碎片分别分配给了 C、A 和 B。

（3）碎片在传输前需要进行列队，确定优先顺序。图 4.2 中表示传输的优先级（顺序）是指向节点 B 的碎片>指向节点 A 的碎片>指向节点 C 的碎片。

（4）基于列队顺序分配通道。某些碎片第一批占用空闲通道，而其余碎片排队等待下一个有空闲的通道。图 4.2 中表示边缘设备支持 2 个独立通道（2 根天线），可以让指向节点 B 和节点 A 的数据碎片同时全力传输，然后由于指向节点 B 的碎片先完成传输，通道 2 率先空出，指向节点 C 的数据碎片随即使用通道 2 传输。

（5）分布处理后的数据碎片，根据完成时间排序、列队。完成处理的碎片依然需要等待通道 1、2 的空闲。这里可以设置数据碎片传输到全部节点之前不进行数据回传，如果在此之前完成了碎片处理需排队等待。

（6）类似步骤（4），处理后的碎片回传给应用方。

（7）应用方整合所回收的处理数据碎片。

4.3 协作边缘计算的任务分配模型

任务分配模型的首要任务是对整体任务时延进行建模。通过上一节的任务流程描述可以发现，整个过程最终的时延取决于最后一个数据碎片完成回传的时间，因此需要针对这个时间进行建模。建模时除了一些可以直接获得的参数，如支持的链路/通道数、协作节点个数、任务类型、传输速率和计算速率，还有三个参数需要在模型中进行计算分配，包括分片（分配碎片）的大小、传输列队的顺序和分配的目标（节点）。

4.3.1 分片大小

在有线网络数据中心，由于高速带宽的支持，传输时间非常短，甚至可以忽略不计。所以在弹性分割下，一般分片的大小只需要匹配计算节点的性能。但是在无线环境中，大小受处理时间和传输时间双重影响，这也意味着可能大的数据分片不一定发送给处理性能强的节点，而是要综合考量。

这里用 A 表示一组合理的任务分片集合，$A \in U$，U 表示所有合理集合的空间。这组分片大小用 V_i^A 表示，满足 $\sum_{i=1}^{N} V_i^A = W$，$\forall i \in N$，W 为任务数据的总量，N 为分片的个数。假设计算节点每个任务只处理一个分片而且不会因为加载其他模块导致难以估计的耗时。这也意味着 N 个分片需要在 N 个节点中处理，而 N 个节点可以从总可用 M 个节点中通过评估择优选择。

4.3.2 传输顺序

为了充分利用多链路传输通道资源，避免复用通道（包括天线、信道）所产生的干扰，传输时需要对任务分片进行列队。列队的顺序可以看作一个排列组合问题。当有 K 个独立通道时，前 K 个分片可以同时传送，因此这个顺序可以通过一个选择 C_N^K 获得。剩下的 $N-K$ 个节点需要排列即 $(N-K)!$ ，因为它们的开始时间不一定是一致的，所以传输顺序的集合可以表示为 Ord_l，

$\forall l \in [1, C_N^K(N-K)!]$。

4.3.3 计算节点分配

假设一个节点在整个任务中只能接收一个分片。因为如果接收两个分片，节点需要加载各种功能模块两次，消耗了额外的启动时间。分配计算节点取决于分片 i 和节点 j 之间的异构资源。实际中，节点分配可以归入弹性分割，也就是节点可以看作固定位置。因为其中一个变换位置、另一个固定位置与两个都变换位置的组合结果是一样的，即分片 i 可以直接代表 $\text{link}(i, j)$ 。异构资源可以表示为 $R_i = \{R_i^{cp}, R_i^{net}\}$， $\forall i \in N$, R_i^{cp} 和 R_i^{net} 分别表示计算速率和传输速率。在给定速率和数据大小时，传输时间 D_i^{tr} 和处理时间 D_i^{proc} 可以通过计算获得：

$$D_i^{tr} = \frac{V_i^A}{R_i^{net}}, \quad D_i^{proc} = \frac{V_i^A}{R_i^{cp}} \tag{4-1}$$

处理任务类型也应该被考虑进去，因为处理后的数据在回传时数据大小会发生变化。这里用 β 代表任务系数，当 $\beta < 1$ 时，表示数据处理后变小，如数据压缩、数据过滤等；如果 $\beta > 1$ 时，表示数据处理后变大，如解压缩、数据填充等。因此回传时间可以写作：

$$D_i^{rt} = \beta \frac{V_i^A}{R_i^{net}}, \quad \forall i \in N \tag{4-2}$$

基于应用模式，时延可以分成三个阶段：分发、处理和收集（返回）。任务流程如图 4.3 所示。

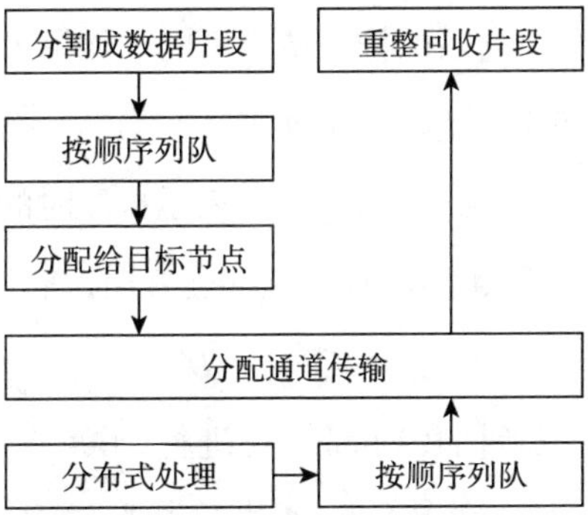

图 4.3　任务流程

此时有三个时间戳需要被记录下来。时间戳一：数据分片 i 到达节点的时刻 T_i^{arr} ；时间戳二：数据分片 i 结束处理的时刻 T_i^{fp} ；时间戳三：数据分片 i 开始回传的时刻 T_i^{rt} 。同时，通道出现空闲的时间表可以表示为 $TimeCR = \{T_k^{ch}, \forall k \in K\}$ 。T_k^{ch} 表示通道 k 空闲的时间，K 为总通道数。这个时间表需要一直更新，给三个时间戳提供参考。为了让整体耗时减小，分发的阶段需要一个合理的列队。每一个出发的分片需要分配到第一个出现的空闲通道，如图 4.4（a）描述并以常见三通道为例（3X3 MIMO 或者 5G + Wi - Fi6 2.4GHz + Wi - Fi6 5GHz）。在第一批的分发中，由于所有通道都是空闲的，因此 K 个分片可以同时推入。

时间戳一为 $T_1^{arr} = D_1^{tr}$，$T_2^{arr} = D_2^{tr}$，…，$T_K^{arr} = D_K^{tr}$ ，T_k^{ch} 由时间戳更新。在 K 个片段之后的第一个空出通道时刻可以标记为 $T_{fr}^{ch} = \min(T_k^{ch})$ 。第 $K+1$ 个片段进入通道，时间戳是传输时间与第一个空闲通道时刻之和：$T_{K+1}^{arr} = D_{K+1}^{tr} + T_{fr}^{ch}$ ，这时 $TimeCR$ 就更新了。整个任务期间都需要以相同方式更新时间表。

时间戳二是时间戳一与数据处理时间之和：$T_i^{fp} = D_i^{proc} + T_i^{arr}$ 。先处理完的片段先回传，即时间戳二要以“先完成先传”（$F3R$，first-finish-first-return）的模式进行排序，则有 $T_i^{rq} = F3R(T_i^{fp})$ 。

但是回传的过程复杂得多。在分发阶段，所有片段都是紧密排列的，没有时间空隙。时间戳二后就可能出现明显的时间间隔，而且回传顺序也与发出顺序不一致。通道利用方面也在这个阶段存在需要解决的问题，如图 4.4（b）所示。如果数据分片已经准备好，但此刻并没有通道空闲，分片就必须等待。因此时间戳三可能与时间戳二之后的排序结果不同。如果第一个完成处理的分片匹配一个空闲通道，数学上可以表示为 $T_1^{rq} > T_{fr}^{ch}$ ，分片可以进入并且更新 $TimeCR$ 。这里 $T_{fr}^{ch} = T_1^{rq} + D_{index(1)}^{rt}$ ，$index()$ 表示排序时的索引与未排序时的索引的配对情况。如果 $T_1^{rq} < T_{fr}^{ch}$ ，即所有通道都被占用，回传片段被阻挡，此时有：

$$T_{fr,\ new}^{ch} = T_{fr,\ pre}^{ch} + D_{index(1)}^{rt} \tag{4-3}$$

同理，当每个片段准备回传时都需要进行判断：立刻回传或等待空闲通道。任务的整体时延 $T_{makespan}$ 由最后一个片段回收时刻决定，也可以通过最后一个通道清空时间表示 $T_{makespan} = \max(TimeCR)$ 。

因此，这个最优化分配问题可以表达为：

$$\min T_{makespan} = \min\max_{i}(f(V_i^A, R_i^{cp}, R_i^{net}, \beta) + g(Ord_l, F3R()))$$

并服从，

$$N \leqslant M$$

$$0 \leqslant V_i^A \leqslant W$$

$$\sum_{i=1}^{N} V_i^A = W$$

$$l \in [1, C_N^K (N-K)!]$$

$$T_s^{rt} = \max(T_s^{rq}, T_{fr}^{ch}) \tag{4-4}$$

$f()$ 是线性部分，包括传输和处理时间（只跟 V_i^A，R_i^{cp}，R_i^{net}，β 相关），$g(Ord_l, F3R())$ 是非线性部分，包括等待时间、双向传输的排序。算法 1 通过伪代码描述了延迟计算的步骤。

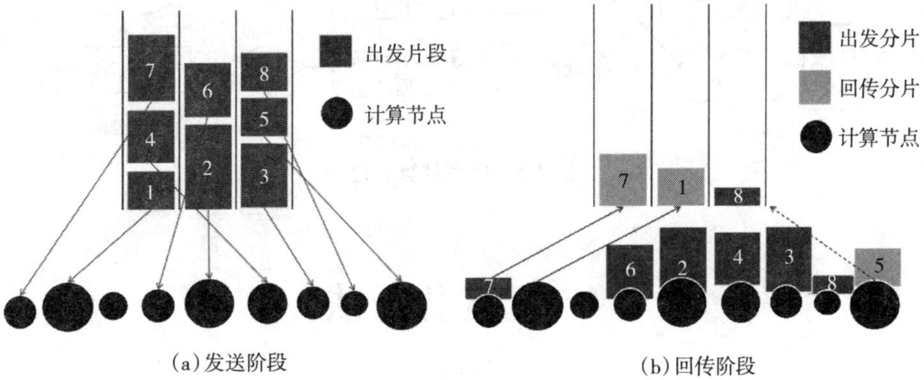

图 4.4　任务分片传输示意图

算法 1：时延计算
Input：$V_{i \in A}$，Ord_l
Output：$T_{makespan}$
1：**Initialise**：*TimeCR*
2：**for** $i=1$：N **do**
3：　$T_i^{fp} = T_i^{arr} + D_i^{proc}$
4：　**Update** *TimeCR*
5：**end for**

续表

$T_s^{rq} = sort\ (T_i^{fp})$
for $s = 1$：N **do**
$T_{fr}^{ch} = \max\ (T_{fr}^{ch},\ T_s^{rq}) + D_{index(s)}^{rt}$
Update$TimeCR$
end for
return $T_{makespan}^{l,A} = \max\ (TimeCR)$

整个模型的计算流程如图 4.5 所示：

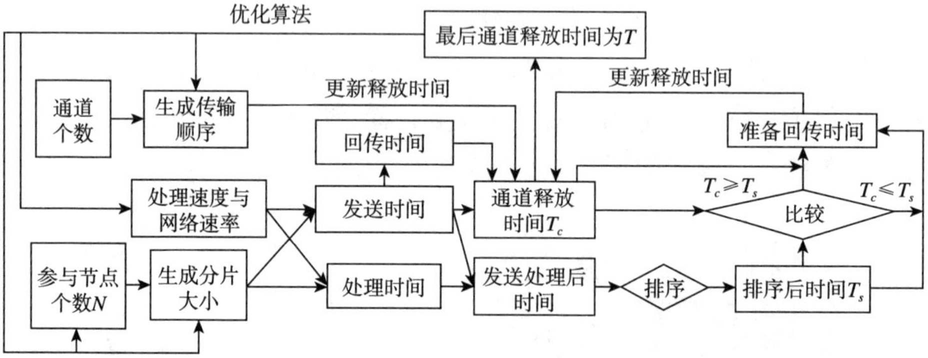

图 4.5　模型计算流程

4.4　优化方法

从算法 1 中可以看出，两个因素影响时延的优化：一个是弹性分割，一个是发送顺序。一种简单的方法是根据计算节点的计算能力按比例分割数据并以一个随机顺序发送。但由于时延和通道障碍，这种方法很难接近最优。需要通过额外的优化算法获得更好的结果。我们将提出几种不同的优化方案。

4.4.1　弹性分割

把分片 V_i 通过 Dirichlet 分布进行抽样从而获得每个节点分配的任务比例是非常有效的方法。Dirichlet 分布可以产生非负且和为 1 的 d 维抽样，并取决于

$d-1$ 单纯形（simplex）。Dirichlet 可以通过 d 维向量 α 表示：

$$x \sim Dir(\alpha)$$

$$p(x)=\frac{1}{\left(\frac{\Pi_{i=1}^{d}\Gamma(\alpha_i)}{\Gamma(\sum_{i=1}^{d}\alpha_i)}\right)}\prod_{i=1}^{d}x_i^{\alpha_i-1} \tag{4-5}$$

α 的值影响单纯形的抽样分布且非负。如果所有的 α 值相同，抽样将从 Dirichlet 分布成为均匀分布。如果 $\sum\alpha>1$，分布集中在单纯形中心。如果 $\sum\alpha<1$，分布集中在角落和单纯形的边界。

因此可以利用 Dirichlet 分布，用一组 α 来产生抽样作为当前最好的分割比例，乘以一个大于 1 的因子让抽样偏离这组分割的中心。当在优化算法中增加数据分片的个数，会使搜索空间扩大，从而产生更多计算消耗。需要通过采用比标准 Dirichlet 更紧致的边界来进一步限制搜索空间。为了给出最佳的时延，将探索 $f()$ 和 $g()$ 中的更紧致边界以确保全局最优 V_{opt} 。每个分片比例的上界可以通过下式获得：

$$u_i=\min\left(1,\ \frac{T_{makespan}}{W\left(\frac{1}{R_i^{cp}}+\frac{1+\beta}{R_i^{net}}\right)}\right) \tag{4-6}$$

这里 $g()$ 被忽略了。如果考虑 $g()$ ，可以进一步让上界更低，但是也需要更多的复杂计算。忽略非线性部分也就意味着 $1/(1/R_i^{cp}+(1+\beta)/R_i^{net})$ 可以代表第 i 个节点的综合性能 IC_i（数据单位每秒）。当前综合时延 $T_{makespan}$ 可以从前一轮寻优空间搜索中获得，$T_{makespan}\times IC_i$ 给出数据分配给某节点最大的量。因此如果任何合理的 V^A 包含一个 V_i^A 比其在 u_i 限制后的更大，会令时延超过当前 $T_{makespan}$ 。这也意味着，全局优化的值必须低于上界中的值。在最小化函数中，为了满足等式（4-4），上界 u_i 也可以直接决定下界 l_i ，且满足

$$\sum_{i=1}^{d}u_i \geqslant 1 \tag{4-7}$$

下界可以通过下面计算获得：

$$l_i=\max\left(0,\ 1-\sum_{j=1,\ j\neq i}^{d}u_j\right) \tag{4-8}$$

如果 u_i 足够小，l_i 中至少有一个元素非 0 以保证 V_i^A 中的抽样和为 1。这些

上界和下界表明一个单纯形（两个界限之间的点来确定）上存在凸区域。任何一个单纯形外的区域都不能获得一个更优的时延。这有利于直接从区域内抽样，而不包括所有 V_i^A 中不需要计算 $g(\,)$ 的次优结果。一种方法是用舍选抽样法来结合 Dirichlet，但是 V_i^A 的概率在区间内可能非常小，导致舍选抽样法的计算复杂度过高。另一种方法是采用 shadow Dirichlet。在它的标准型中，利用一个 $d \times d$ 的矩阵 M，让 Dirichlet 抽样变形来落入单纯形更小的区间。这个抽样空间 V^U 中的抽样集合重写作：

$$V^A = M \cdot V^U \tag{4-9}$$

M 必须是左随机（left-stochastic）即列和为 1 且满秩。这里的列定义了变换矩阵 M 把 Dirichlet 抽样映射到的凸区域的顶点。不过上下界也会定义一个 $m>d$顶点的凸区域。利用 shadow Dirichlet 的变换可以依然被应用：通过一个“胖” $d\times m$ 矩阵 M 乘以 m 维 Dirichlet 抽样。该映射使用了单射矩阵，而非标准情况使用双射矩阵，这意味着 Dirichlet 变换会偏向 M 中顶点定义的凸区域的特定部分，且不依赖于 m 维 Dirichlet 抽样中的 α 值。

考虑一种 $d=3$ 的简单例子。如果上界 $u=$（0.75，0.3，0.2），相应的下界 $l=$（0.5，0.05，0.0）。那么“胖”矩阵 M 可以写作：

$$\begin{pmatrix} 0.5 & 0.75 & 0.75 & 0.7 \\ 0.3 & 0.05 & 0.25 & 0.3 \\ 0.2 & 0.2 & 0.0 & 0.0 \end{pmatrix}$$

任何 Dirichlet 得到第 i 个上界 u_i 以下的元素的概率为 $1-(1-u_i)^{d-1}$，相应的下界 l_i 的概率为 $(1-d_i)^{d-1}$。在这个区间内，任何 i 元素的概率都可以计算得到。但是由于 Dirichlet 获得的向量中的元素彼此不相关（但是加和为 1），一个向量在界限内的整体概率不是简单的每个元素各自概率的积。比如，在上面的例子中，大概 6%的抽样是合理的，如图 4.6（a）所示；使用“胖” M 矩阵，可以通过 shadow Dirichlet 获得所有界限内的抽样，如图 4.6（b）所示。如图 4.6（c）所示更明显可见，让 α_i 相等，则抽样更少。在使用舍去抽样后，shadow Dirichlet 还可以使用一个双射 $d \times d$ 矩阵，矩阵定义一个包含限制的最小界限的区域。为了最小化需要的重采样，M 选择公式之一描述了最小区域（两者都包含了受限区域的顶点）。如图 4.6（d）所示超过 96%的抽样可以被接受（没有被舍去抽样）。

$$\begin{pmatrix} 1-\sum_{i\neq 1}u_i & u_1 & \cdots & u_1 \\ u_2 & 1-\sum_{i\neq 2}u_i & \cdots & u_2 \\ \cdots & \cdots & \cdots & \cdots \\ u_d & u_d & \cdots & 1-\sum_{i\neq d}u_i \end{pmatrix}$$

或者

$$\begin{pmatrix} 1-\sum_{i\neq 1}l_i & l_1 & \cdots & l_1 \\ l_2 & 1-\sum_{i\neq 2}l_i & \cdots & l_2 \\ \cdots & \cdots & \cdots & \cdots \\ l_d & l_d & \cdots & 1-\sum_{i\neq d}l_i \end{pmatrix}$$

当使用 shadow Dirichlet 时，我们可以通过在减小时延中设计一些方法进行迭代以降低搜索空间，从而帮助结果收敛至最优。

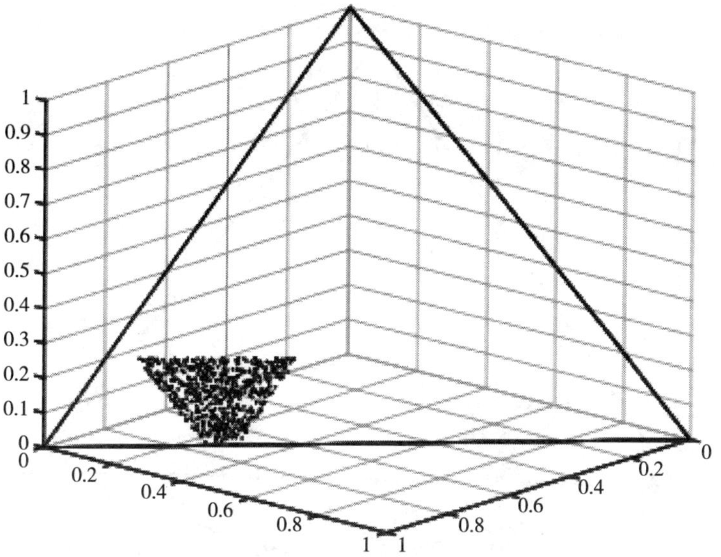

(a) 通过在1万个抽样中进行舍去抽样

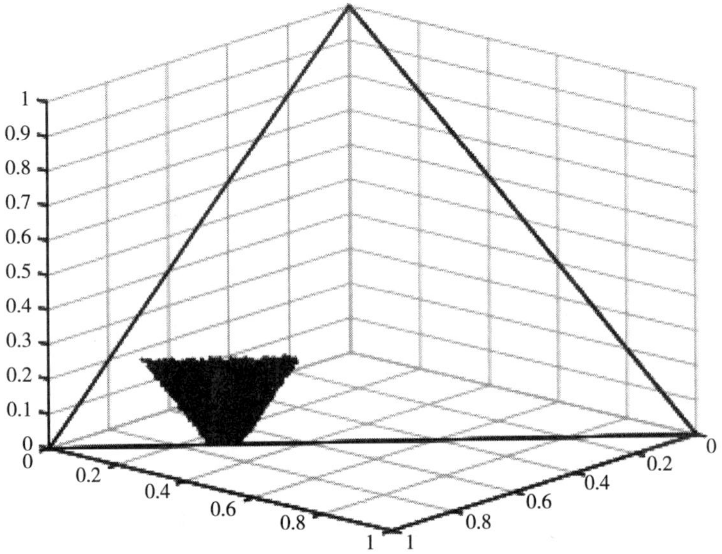

(b)通过shadow Dirichlet抽样方式获得1万个抽样

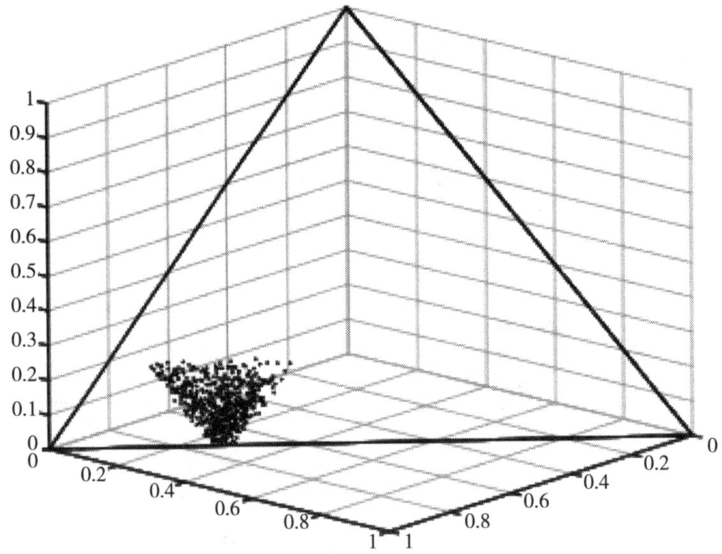

(c)通过“胖”矩阵shadow Dirichlet获得抽样，且最终抽样数和(a)中获得的一样

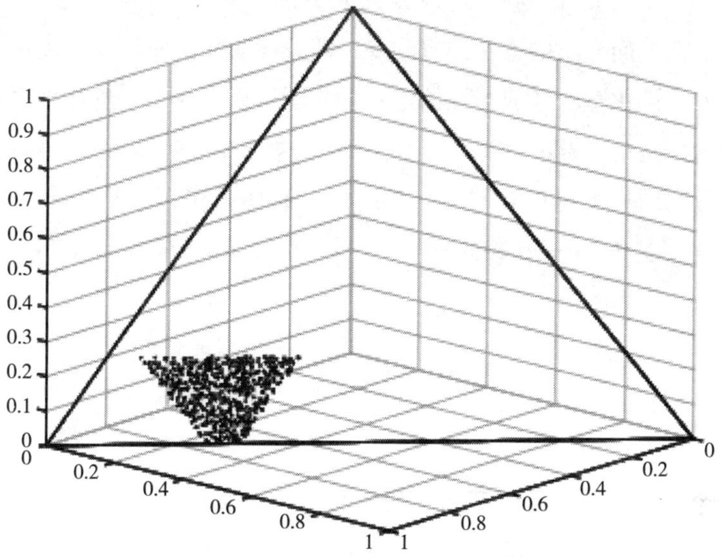

(d) 使用了双射矩阵shadow Dirichlet与舍去抽样

图 4.6 shadow Dirichlet 抽样

4.4.2 基于遗传算法的优化框架

因为根据之前的研究，时延模型是很难通过确定式求解获得的，所以这里采用启发式遗传算法（genetic algorithm，GA），通过优化的方式求解时延模型。算法 1 中描述的两个待优化的部分可以当作一个耦合的问题对待。发送顺序可以作为传统的排列问题，而弹性分割部分作为在连续空间的搜索问题。解决方法既然包括了这两点，传统的 GA 框架也要分别对这两点进行改进。针对第一个部分采用一个标准的排列搜索步骤（如旅行推销员问题）；针对第二个部分也就是弹性分割，采用单点交叉；但是代替了传统的突变（如以高斯分布），采用约束问题来解决最优分割的搜索问题。

本节提出用 shadow Dirichlet 模块代替传统的 GA 突变步骤（否则会导致不合法的结果），算法命名为 GA-SD。GA-SD 描述了一个基于 GA 的优化算子，利用不断更新的界限获得 shadow Dirichlet 分片抽样。上一代的 $T_{makespan}$ 可以用于设置这一代的 u 和 l（初始代可以用一组 1 和一组 0 作为向量）。运行 GA 算法时，任何分割都包含了排序，因此运算时间复杂度只要考虑弹性分割即可：

i 、N 为节点数，I 为界限迭代次数，G 和 P 分别为 GA 算法的后代数和种群数。

还可以把上面介绍的方法进行改变，即设计成两阶段耦合的优化问题。在这个方法中，优化算法变成了在给定一个分割结果下用 GA 进行排序优化，而这个分割结果是由 shadow Dirichlet 得到的。这个方法命名为 SD-GA，优点在于在每个分割结果下可以获得更好的排序，总体上可以考虑更少的求分割次数。时间复杂度和 GA-SD 相同。

4.5 仿真评估

在本小节中，对时延模型和优化方法进行仿真评估。运行平台为 X86 架构 1.6GHz 处理器普通计算机。

4.5.1 网速与计算速率的影响

网速和计算速率对时延的影响十分重要，需要对其进行研究。首先，测试对最小时延的影响，分别有 5、10、15、20 个参与节点。每个节点假设都有相同的网络和处理能力。业务参数为 $\beta=0.75$，模拟数据压缩任务。假设两种速率都在 0~300Mb/s，实验结果如图 4.7 所示。在所有的情况中，网速的影响更大。因为相比计算处理速度，网速存在于双向传输中；等待时间也受传输速度影响，也就是非线性部分。当网络延迟比较高时，更多节点参与的影响会迅速饱和，即计算力的提升被抵消。因此只有在节点网速足够快的情况下，才能支持分布式处理的工作。也因此印证了一个结论，低速网络就不应该被考虑用于边缘计算的通信，5G 才是边缘计算的“好搭档”。

根据同速节点参与的结果，可以把传输速率和处理速率进行综合以给出挑选节点参与的依据。为了进一步区分，把计算和传输速率的比例作为它们相对的贡献。这个比例可以设为 {1/20，1/10，1/5，1/4，1/3，1/2，1，2，3，4，5，10，20} 来区分两者且两者速率的乘积固定为 100 $(\mathrm{Mb/s})^2$。仿真实验运行 100 次获取平均值，如图 4.8 所示。

最小时延产生于 $R_i^{net}/R_i^{cp}\geqslant 2$，且随着参与节点越多获得时延最小的速率比越大。很明显，尽管更多的节点参与在直觉上可以提供更好的性能，但实际在 $R_i^{net} > R_i^{cp}$ 之前，几乎看不出显著的提升。10 个节点要比 5 个节点获得更小的时延，但是这个提升幅度在 15 和 20 节点之间非常微小。因此在实际部署中，并不是越多的参与节点越合适，如还要考虑系统的鲁棒性和总体能耗等。

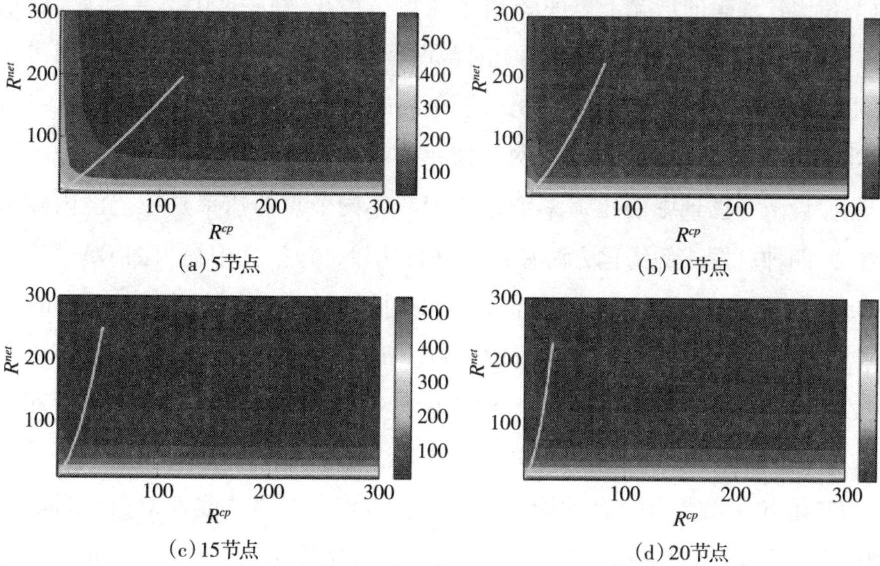

图 4.7　同速关系（满足幂函数关系 $R^{net}=(R^{cp})^a$，其中分别有 $a=$［1.2，1.5，2，2.5］。）

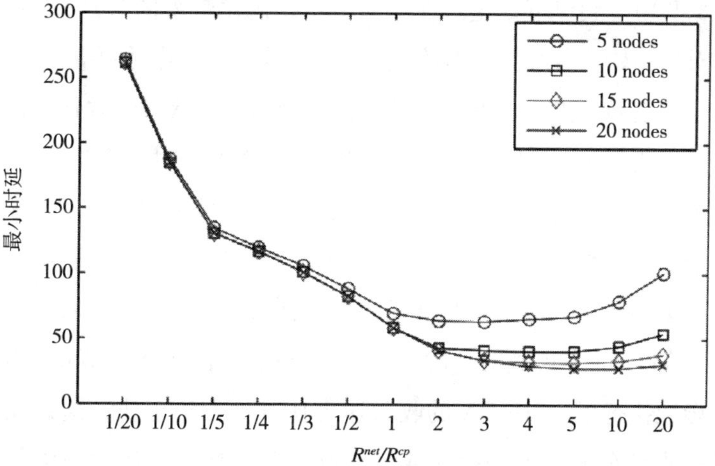

图 4.8　不同速度比例下的最小时延

4.5.2 优化算法比较

在本小节，仿真两个应用场景。第一个场景是一个复杂的数据处理（如高清视频压缩）。这个处理在 ARM 核处理器的速率一般是 20~30Mb/s。网络链接的速率在比较理想的情况下以 802.11ac 为例一般在 200~300Mb/s。这个场景下，网络速率远高于处理速率，因此计算时间会是主要时延，而通道的阻碍方面将不会很严重。第二个场景是稍微轻量级的数据处理（如标清视频压缩），一般处理速率为 200~300Mb/s，网络速率依然保持理想状况，与第一个场景一样。假设两个场景中的压缩率都是 0.75。不同节点的速率是在范围内随机产生的。四种启发式的优化方法在这里进行比较，包括文中提出的 GA-SD 和 SD-GA，以及 GA-D（仅采用标准 Dirichlet 抽样的 GA 算子）和 SD-Random（仅靠弹性分割优化，排序只用随机顺序）。每个优化算子统一采用 10 万次估计次数（function of evaluation，表示总计算函数个数包括迭代次数或循环次数），整个过程每个方法试验 30 次。四种方法都以一个“好的预估”分片方案作为初始点（以节点综合性能的占比分割数据，忽略非线性部分）。同时，将初始点（Capacity-Only）和只对向前发送部分做优化的方法（Forward-Opt）作为参考。参与节点数分别为 5、10、20、30、40、50。

从图 4.9 中得到以下结论。在场景一中，优化带来的时延减小并不明显，所有方法对比初始点分片只提升不到 5%。这是由于计算时间主导了整体时延，导致没有足够空间去提升也是基于计算性能的初始点获得的时延。在这种情况下，依然可以看出 GA-SD 在 5、10 和 20 个节点参与时会有提升。但是在 30 个节点及更多节点参与时，基本上结果只比 GA-D 好一点。原因主要是节点多了导致每个分片会很小，对弹性分割的影响会越来越弱。在图 4.10 中，第二种场景下的多种优化算法结果被展示出来。针对所有情况，只对一个因素进行优化的 SD-Random 表现最弱（除了初始点方法）。除了 5 个节点情况，在前 1 万次计算函数执行里，SD-GA 的收敛速度比其他方法更快，这也支持上一节对该方法优点的分析。但是针对 40 和 50 个节点情况，最后的优化结果 SD-GA 是比 GA-D 和 GA-SD 差的。其原因也和场景一类似，更多节点的弹性分割的影响不如少节点的明显。在 5 个节点的参与中，SD-GA 并没有体现出它的优势，这个原因是大的分片更有可能在回传时产生阻塞等待，并产生较大的时间空隙，也揭示了排列优化作为 GA-D 和 GA-SD 中的耦合问题的重要性。所以 SD-GA 的合理应用既要考虑计算次数设置，也要考虑系统的规模。例如，中等规模系统（10 到 30 个节点）且必须计算量更小。综合来看，GA-SD 是表现最好的优化算子。

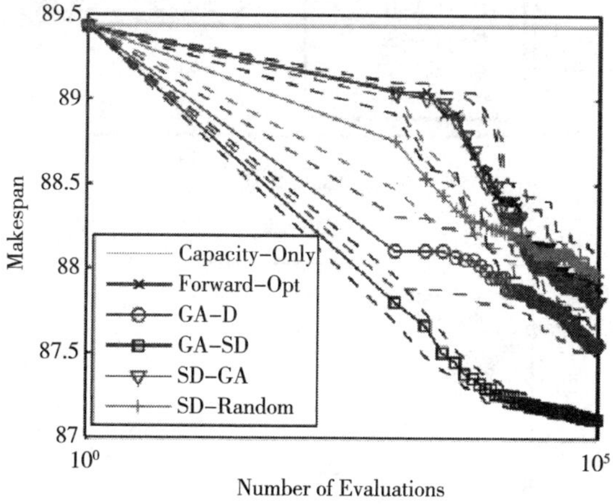

(a) 5节点

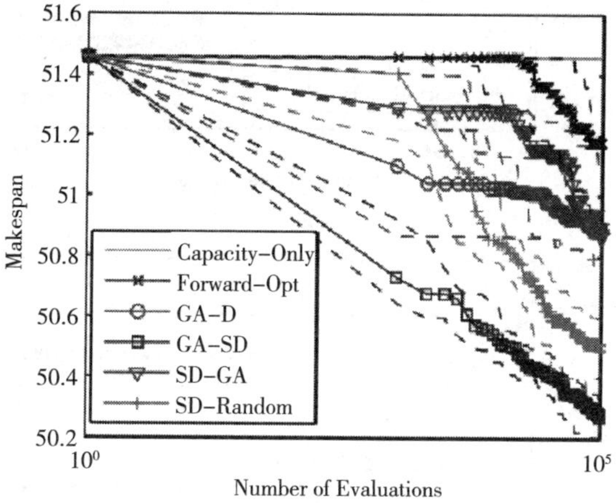

(b) 10节点

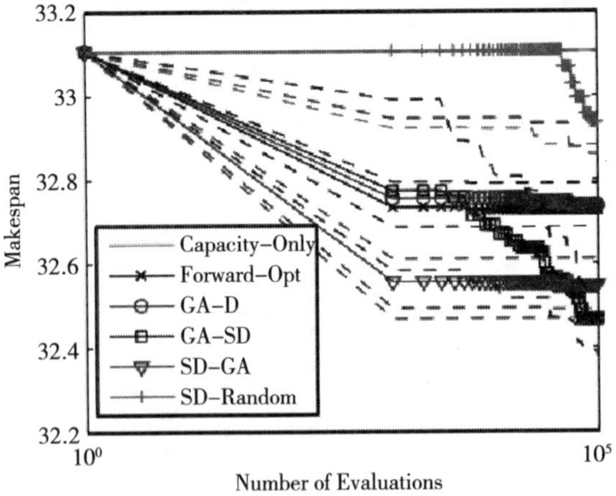

(c) 20节点

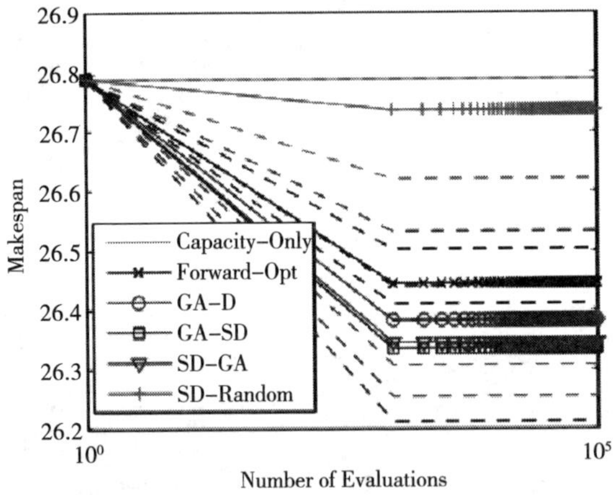

(d) 30节点

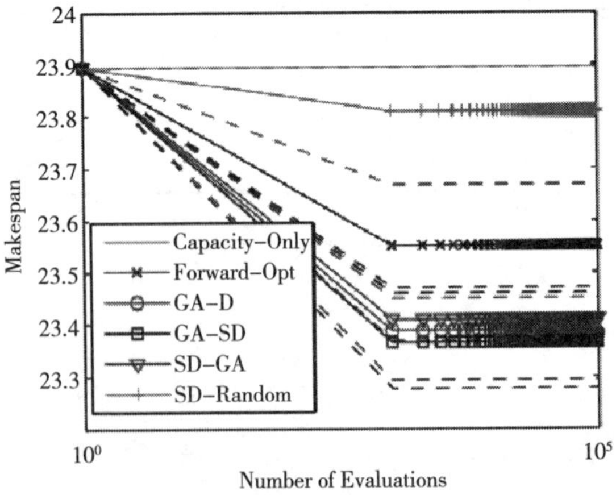

(e) 40节点

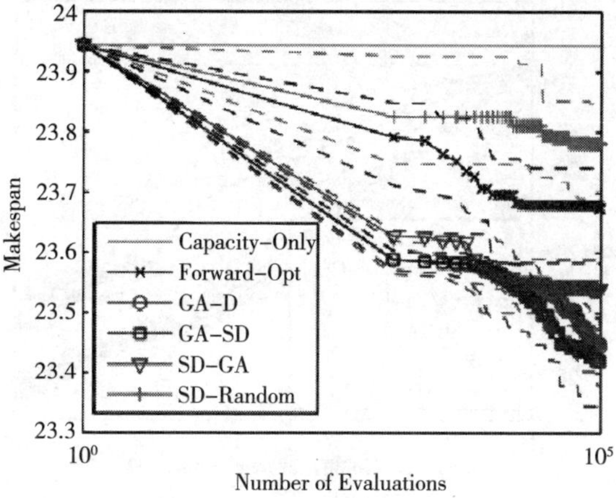

（f）50节点

图 4.9　场景一中四种算法比较

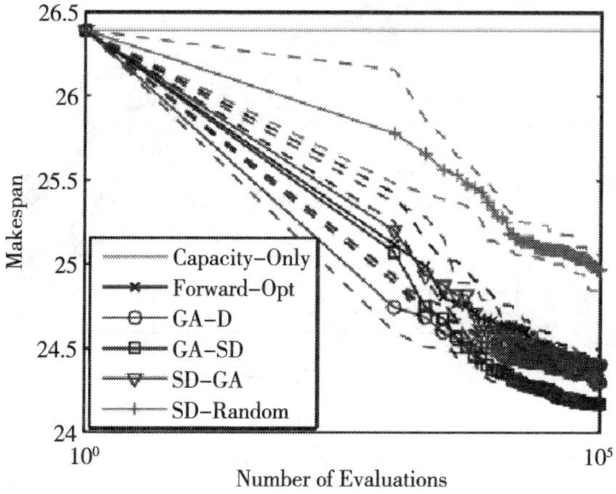

（a）5节点

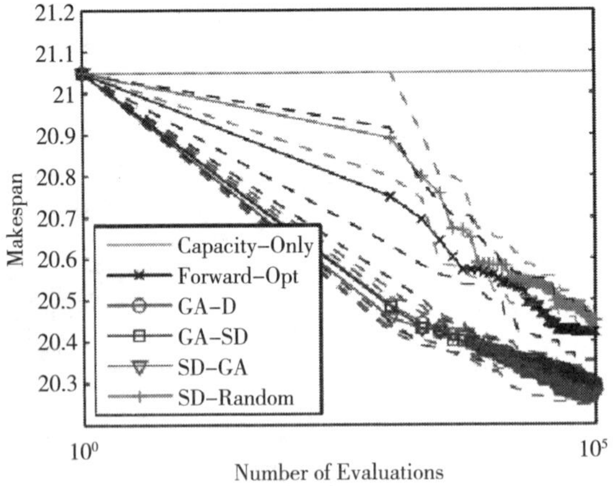

(b) 10节点

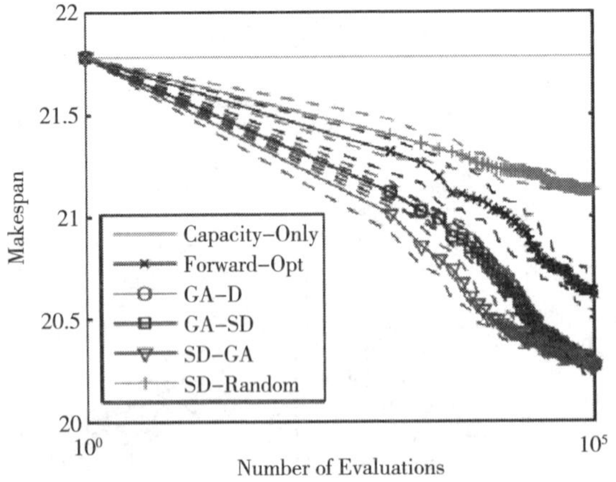

(c) 20节点

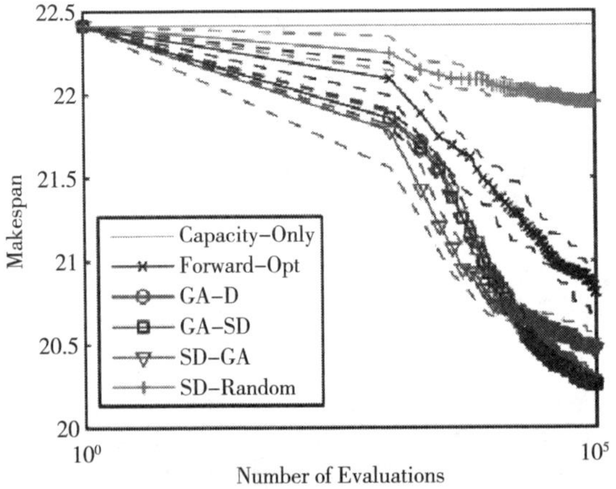

(d) 30节点

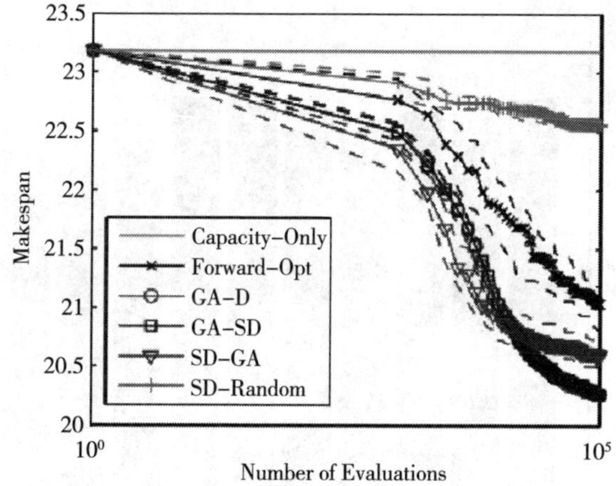

(e) 40节点

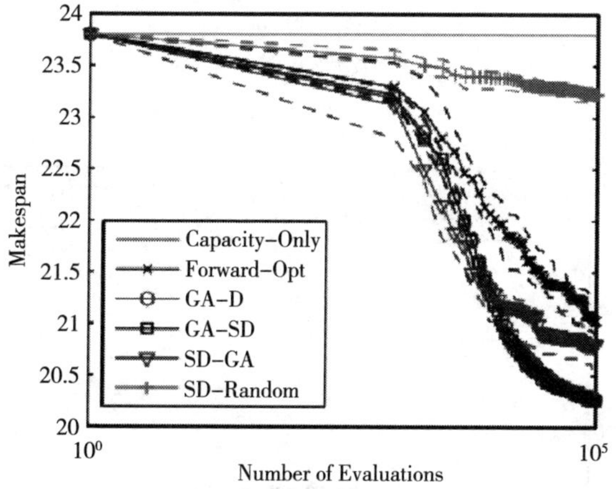

(f) 50节点

图 4.10　场景二中四种算法比较

图 4.11 和图 4.12 表示了 SD-GA 算子在两种场景以及都以 10 个节点参与时，在整个过程中分片传输情况和通道占用情况。从中可以看出在场景二中，通道阻塞是经常发生的（大量蓝色区域）。

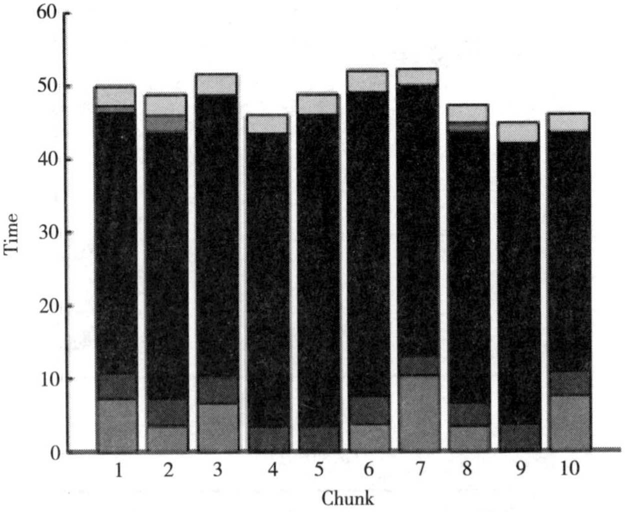

(a)各分片的时间表

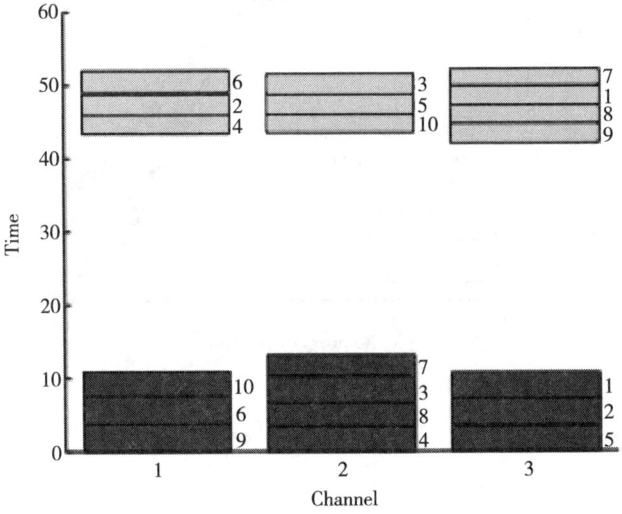

(b)通道使用情况

图 4.11　场景一中的分片与通道

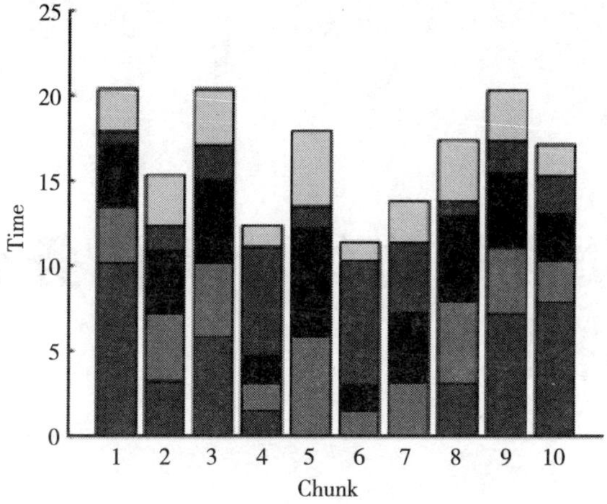

(a) 各分片的时间表

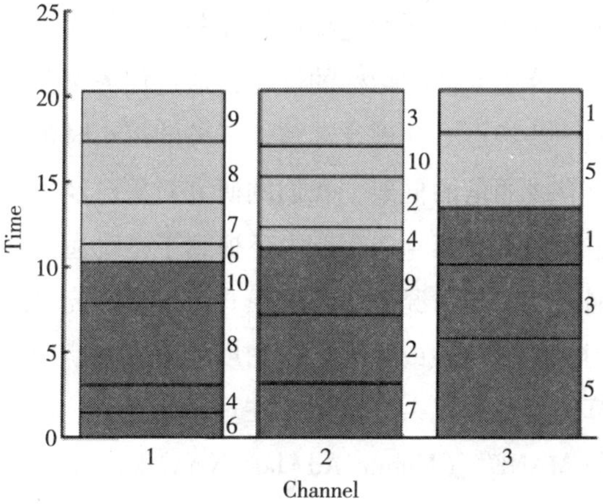

(b) 通道使用情况

图 4.12　场景二中的分片与通道

本章小结

本章主要针对移动协作模式边缘计算中的任务分配与资源调度理论进行了探讨，这种模式是一种比较复杂的边缘计算。本章对任务时延进行了建模以及提出针对时延的优化算法。在仿真评估部分说明了任务分配与资源调度的合理性，以及体现了优化算法的性能。

5 移动协作边缘计算任务分配算法研究

在上一章讨论了协作模式下的边缘计算任务分配与优化方法，本章研究聚焦对时延这一边缘计算主要性能指标的优化，通过任务调度、资源分配，利用多通道单跳传输的一些特点，合理计算整体任务的最小时延。相比一般单边缘体的计算模式以及有线通信的框架，我们的研究对象已经属于边缘计算框架中比较复杂的一种了。但是在第 4.2.2 节中还提到了多跳通信存在的可能性和意义：在高速无线网络支持的情况下，多跳模式可以更加充分地发现、利用计算资源。同时也提到，从鲁棒性或可靠性的角度考虑，多跳模式会引入许多不确定性，这会使计算模型更加复杂。因此，在理论研究中，可以进一步考虑更为复杂的形式：类似 MANET（Mobile Ad-hoc Networks）形式的协作边缘计算，并作为本章研究的边缘计算框架。

实际上在分布式系统中，可靠性是不可忽视的重要因素，因为一个任务分片的缺失会阻碍整个任务完成。虽然边缘计算节点本身可以通过 Ad-hoc 模式组织、扩展，理论上可以比单跳模式发现更多的优质计算资源，可以扩大计算资源池，提高任务的整体计算性能，但是更多的通信链接也提高了任务失败的风险。因此可靠性和性能（尤其是时延）可能存在一个平衡问题。

关于分布式系统的可靠性一直以来就与任务分配的研究相关。大体上有两种方案。一种方案是容错机制，即通过软件或硬件的冗余保证系统发生错误时的鲁棒性。[①] 但是这种方法面对边缘计算应用可能存在一些挑战，边缘计算一般是发送—处理—回传模式，如第四章的介绍。而失败风险可能存在于每一步，这也意味着会导致容错机制比只计算或只传输的应用复杂得多。还有一些研究提出了首要备份模型的容错机制。其中一个想法是利用多余节点作为备份节点。[②] 但是这种方法在没有错误发生时会降低系统总体性能，因为在边缘计算环境中可用节点数量往往是有限的，再拿出一些节点备用，会使真实可用节点变少。另一种想法是用虚拟机（VM）作为备用而避免占用额外物理节点。为了避免单个物理节点的断开导致托管的多个 VM 一起断开，因此要求同一虚拟节点的首要 VM 和次要 VM 不能部署于同一个物理节点以及多个 VM 不能部署于同一个物理节点。[③] 这个方法在云计算模式下是有效的，因为节点本身的性能很强。但是作为节点性能相对偏弱的边缘计算，加载多个虚拟机（考虑到现有虚拟机对系统资源的占用情况）会使节点性能下降非常严重，该硬件节点也可能因为计算、网络资源不足成为整体任务的瓶颈。尽管一些 overlapping 机制可以节约一部分资源，但是对整个系统的评估来说就更复杂了。另一种方案是构建可靠性成本函数与其他性能进行博弈、优化。Shatz 等[④]引入了指数分布来构建成本函数以衡量系统可靠性并指导搜索最优或次优的任务分配。这个方法也被称作 A^* 算法。Lee 等[⑤]提出了一个基于价格分布算法并

---

① A. Aviziens. Fault-Tolerant Systems [J]. IEEE Trans. Comput., 1976, 25 (12): 1304-1312.

② Z. Qin, B. Veeravalli, and Chen-Khong Tham. On the Design of Fault-Tolerant Scheduling Strategies Using Primary-Backup Approach for Computational Grids with Low Replication Costs [J]. IEEE Trans. Comput., 2009, 58 (3): 380-393; J. Balasangameshwara and N. Raju. Performance-Driven Load Balancing with a Primary-Backup Approach for Computational Grids with Low Communication Cost and Replication Cost [J]. IEEE Trans. Comput., 2013, 62 (5): 990-1003.

③ J. Wang, W. Bao, X. Zhu, L. T. Yang and Y. Xiang. FESTAL: Fault-Tolerant Elastic Scheduling Algorithm for Real-Time Tasks in Virtualized Clouds [J]. IEEE Trans. Comput., 2015, 64 (9): 2545-2558.

④ S. Shatz, J.-P. Wang, and M. Goto. Task allocation for maximizing reliability of distributed computer systems [J]. IEEE Trans. Comput., 1992, 41 (9): 1156-1168.

⑤ J.-W. Lee, M. Chiang, and A. Calderbank, Price-based distributed algorithms for rate-reliability tradeoff in network utility maximization [J]. IEEE J. Sel. Areas Commun., 2006, 24 (5): 962-976.

证明在满足易于核实的情况下全局最优的速率—可靠性收敛。其中可靠性函数与块解码错误率相关，也是一个指数形式。Pezoa 等①提出了一个严格概率框架来描述在由节点断连导致的通信不确定性与随机拓扑变化带来的业务可靠性。考虑到这个框架可能由异构节点组成，有着随机的业务、失败时间和网络延迟，他们提出用一个线性函数算法解决最大化业务可靠性的优化问题。同样，函数当中也假设了可靠性服从指数分布。实际上，除了指数分布，O'Connor 等②给出了另一种可靠性的分布形式：对数正态分布。在本章讨论的移动的边缘计算框架中，系统可靠性的问题也主要是由移动特点决定的，一般被看作 L'evy Walk 模型，即随着接入时间的增加，节点远离系统的概率也会增加，从而导致可靠性降低。这个特点也确实比较符合对数正态分布形式。Zhao 等③通过分析单一交通模式的地理信息数据也证明了这个推论：这个概率符合对数正态分布。

本章提出了一种边缘计算中移动、协作并考虑可靠性的时延优化方案，包括：移动边缘计算的 Ad-hoc 资源发现；时延模型的计算；基于交换的时延优化方法；基于对数正态分布与最小交叉熵调整的可靠性评估；为了增强可靠性的一分片备份的容错机制。

5.1 移动协作边缘计算框架

本节介绍一个移动协作边缘计算框架，如图 5.1 所示，以常规应用场景——无人工厂 AGV 运输为例。

---

① J. Pezoa, S. Dhakal, and M. Hayat. Maximizing service reliability in distributed computing systems with random node failures: Theory and implementation [J]. IEEE Trans. Parallel Distrib. Syst., 2010, 21 (10): 1531-1544.

② P. P. O'Connor and A. Kleyner. Practical Reliability Engineering [M]. Wiley Publishing, 2012.

③ Kai Zhao, Miro Musolesi, Pan Hui, Weixiong Rao and SasuTarkoma. Explaining the power-law distribution of human mobility through transportation modality decomposition [J]. Sci. Rep., 2015, 5 (9136).

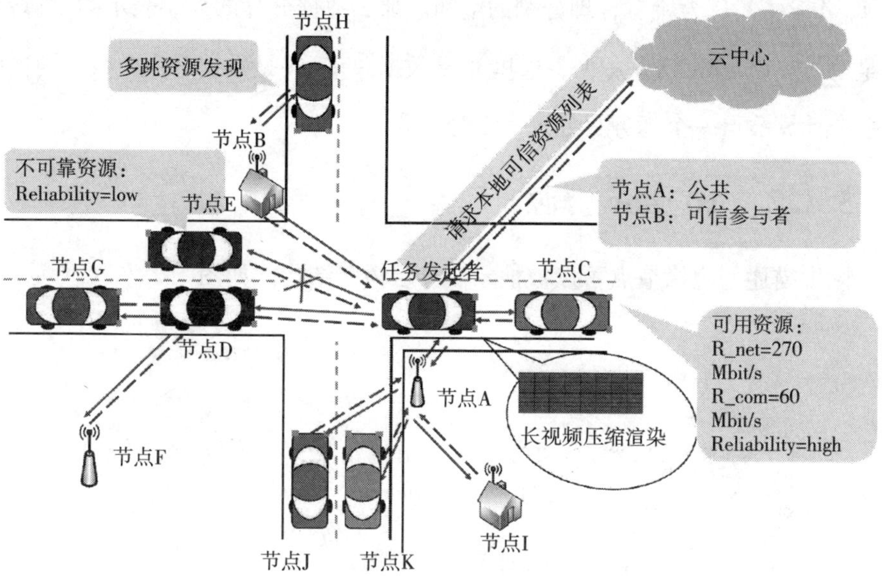

图 5.1　移动协作边缘计算示例

当发起者请求一个协作式的任务时，如计算量非常高的长视频压缩渲染，先通过广播向周围的边缘节点包括基础设施的公用节点和独立的众包节点发出请求。各节点返回响应时携带着自己的网络速率和计算速率信息。同时，可以向云中心提出协助请求，下载一个本地可信资源列表，包括认证的节点和高可靠的节点（如固定位置的节点）。选择合作资源时，优先从这个列表中选取。如果不在此列表内，就需要检查节点附带的更多信息。比如，节点 E 向远离任务发起者方向行进，那么任务期间该节点有可能驶离网络连接范围，因此可靠性标签将标注“低”，就不考虑选入合作方。由于移动性以及性能的关系，单跳范围的节点可能非常有限，从而不能提供高性能业务支撑，因此有时需要通过多跳模式寻找资源，如同机会网络中常见的邻居发现问题。节点 F 到节点 K 都是以该方式发现的。那么视频会以特定策略分割成片段，分发给所有参与合作方以完成处理环节。然后处理后的片段再回传给任务发起者进行融合。

5.1.1　任务分割

与上一章一样，依然采用相同的弹性分割策略。由于本章所用参数较多，因此采用的标识表达与之前章节有所区别，需要独立理解。针对一组合理的分

割 A，$A \in U$，U 为所有合理分割的空间。那么数据分片的大小表示为 V_ν^A，且满足 $\sum_{\nu=1}^{N} V_\nu^A = W$，$\forall \nu \in N$，这里 W 是数据总量，N 是数据分片个数。同样假设一个计算节点一个任务只处理一个分片。

5.1.2 Ad-hoc 资源

图中描述的边缘节点可以被抽象成分层树状结构，如图 5.2（a）所示。

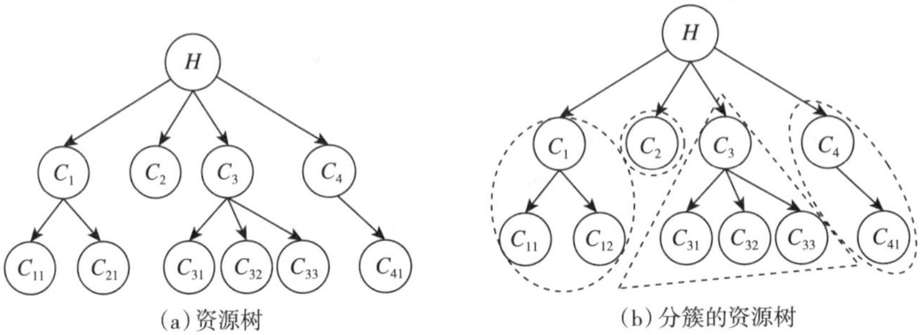

图 5.2　边缘节点分层结构

第一层节点被标记为 C_i，$\forall i \in N'$，这里 N' 表示发起者首选列表节点的个数。第二层节点被标记为 C_{ij}，$\forall j \in I$，这里 I 是节点 C_i 列表里节点的个数。以此类推，更深层的也可以被标记。如果一个节点可以被多个上层节点同时发现，它则属于拥有与之更好链接的那个节点。这个设定更多地考虑多层链接下稳定性的风险问题，并不是性能优先。

当 Ad-hoc 模式发现更多的节点，让发起者直接分割相应个数的片段是不明智的，因为节点数越多，弹性分割算法复杂度越高。因此为了简化这一问题，把多跳节点（C_{ij}，…）和它们的父节点 C_i 看作一个子系统或者簇，如图 5.2（b）所示。这个子系统可以提供簇的计算能力。因此发起者只要分割给簇，把更小粒度的分割任务交给更深层的父节点（簇头节点）。每层的父节点需要向上层汇报本簇的性能参数。因此可以用计算单元（Cl_i，Cl_{ij}，…）来代替单一节点。异构资源将由分片 ν 和（Cl_i，Cl_{ij}，…）的连接决定。实际上，弹性分割包含计算节点分配问题，即我们可以把节点作为固定位置。因此以第一层为例，分片 ν 可以直接代表连接（ν，i），异构资源（速率）可以表示为：$R_\nu = \{R_\nu^c, R_\nu^n\}$，$\nu \in N$，$c$ 和 n 分别表示计算和网络。

5.1.3 多通道调度

上一章我们已经讨论了利用多链路并行传输技术提供的多独立通道全力传输数据分片的调度问题。不同的分片通过多通道分发给各个簇。在簇内部，一部分数据分片给簇头节点处理，余下部分将进一步分割并发送给子节点，如图5.3所示。每一个父节点负责更深度的分割和本层的数据融合。其余的通道利用步骤与上一章相同。

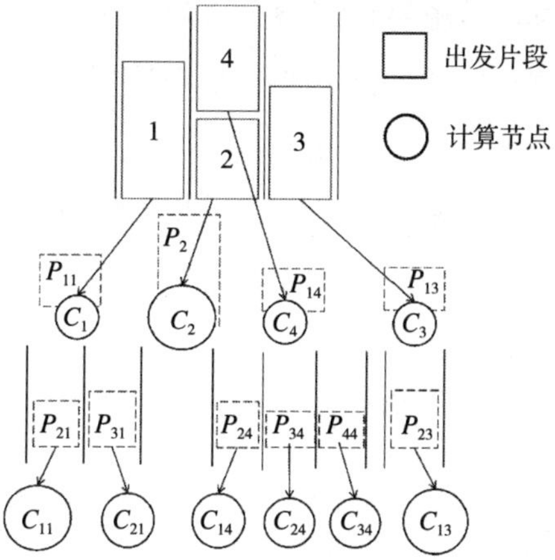

图 5.3　深层任务分割与调度

5.1.4 时延计算

关于时延模型的计算，可以参考上一章，重整后写作：

$$T_{makespan} = \max_{\nu \in N} \sum \{D_\nu^{tr},\ D_\nu^{proc},\ D_\nu^{rt},\ D_\nu^{wf},\ D_\nu^{wb}\} \tag{5-1}$$

其中 D_ν^{tr}、D_ν^{proc}、D_ν^{rt} 的定义与第四章一致，D_ν^{wf}、D_ν^{wb} 则分别是发送和回传的等待时间。而 D_ν^{proc} 的计算，需要以簇的综合性能替代原来单节点的计算性能，因为簇中处理分片的时间也需要考虑簇内数据交互的时间。即（Cl_i，Cl_{ij}，…）的处理速率为：

$$R_i^c = \frac{V_\nu^A}{T_{makespan}\,|_i^\nu} \tag{5-2}$$

$T_{makespan}\,|_i^\nu$ 是簇 i 的时延，计算方法也按照上一章的算法 1 执行。

5.2 基于交换的优化算法

优化的目标为最小化时延 $T_{makespan}$。根据算法 1 和之前的介绍，弹性分割和排序都是非常耗时的搜索。同时考虑由于分层结构的存在，尤其是大量子节点、子簇存在的情况，相当于算法 1 在做嵌套循环运算，整个时延计算过程更加耗时。如果我们继续用传统的 GA 算法，运行时间就会难以忍受。因此从计算复杂度考虑，线性规划应该是比较理想的，但是由于存在非线性部分，线性准则很难被满足。尤其是在第四章仿真部分展示的，当计算和网络速率接近时，回传时的通道阻碍频繁发生，更加剧了非线性特性。尽管如此，我们注意到潜在的优化目标存在：减小阻碍时间可以使模型更接近线性，从而可以降低搜索带来的复杂度。因此本章提出了一个略微牺牲准确性的局域搜索启发式算法来解决整个问题，命名为交换算法（每次迭代都有两组分片方案交换位置再比较）。

已知亟待解决的问题存在一些特性，可以设计一个基于局域搜索的启发式方法，让数据以一个“好”的分布分配到各节点，包括：

（1）阻碍的时间必须最小。等待通道的时间需要转换成传输一个完成处理的分片。

（2）几个通道必须在同时完成传输。

具体算法伪代码如下所示：

算法 2：交换计算

```
x: =initialise ()
  /按照节点计算性能的分布初始化分片
p: =randperm (|x|)
while its<max_its do
    x': =x
    p': =p
    if changed weights last iteration then
```

续表

```
i: =select_chunk_at_random ()
J: =get_indices_of_chunks_
   completing_earlier (i, x, p)
if J=ø then
goto line:
end for
j: =random_element (J)
p′: =swap_indices (p′, i, j)
    else
{i, j}: =select_two_chunks_at_random ()
if rand () <0.5 then
    x: =rewieght_to_end_together (x, i, j)
else
    x: =rewieght_to_end_as_other_
    starts_returning (x, i, j)
end for
    end for
    if makespan (x′, p′) ≤makespan (x, p) then
        x′: =x
        p′: =p
    end if
end while
```

5.3 可靠性计算

假设所有的失败都是由移动出网络连接范围造成的，那么边缘节点的可靠性符合对数正态分布，写作：

$$\mathrm{Re} = P(\mathbb{F}(x, \mu, \sigma) < l) \tag{5-3}$$

其中$\mathbb{F}$表示对数正态分布的累计分布函数（CDF）。l 为传输距离的上界。当一个分片组确定为 V_{λ}^{A} ，(Cl_i, Cl_{ij}, …）的可靠性则是：

$$RE_i(T, \lambda) = \mathrm{Re}(t_i) \prod_{j=1}^{N'} RE_{ij}(t_{ij}, \lambda')$$

$$RE_{ij}(T, \lambda') = \mathrm{Re}(t_{ij}) \prod_{k=1}^{N''} RE_{ijk}(t_{ijk}, \lambda'')$$

$$\cdots$$

这里（Cl_i，Cl_{ij}，…）表示每个簇中子节点的个数。t_i 为分片在 Cl_i 中的时间，此时还不包括 D_ν^{wf}，因为分片没有离开。所以有：

$$t_i = \sum_{i \to \lambda \in N} \{D_\lambda^{tr}, D_\lambda^{proc}, D_\lambda^{rt}, D_\lambda^{wb}\} \tag{5-4}$$

t_{ij}，t_{ijk}，… 也可以按照这个模式表达，因此我们可以得到总的系统可靠性，即所有参与节点可靠性的积：

$$RE = \prod_{i \in N,\ j \in N',\ \cdots} \{RE_i, RE_{ij}, \cdots\} \tag{5-5}$$

5.3.1 对数正态分布

按照对数正态分布，时间 T 时刻的距离 x 满足：

$$\ln x_T \sim \Phi[\ln x_0 + (\mu - \sigma^2/2), \sigma^2]$$

其中 x_0 表示初始时刻两个节点间的距离，μ 和 σ 分别表示变化率的均值和方差，且都可以通过基于对节点历史评估的最大似然估计获得：

$$E[\ln(\frac{\xi_t}{\xi_{t-1}})] = (\mu - \frac{1}{2}\sigma^2)$$

$$Var[ln(\frac{\xi_t}{\xi_{t-1}})] = \sigma^2$$

最大似然函数 $\ln(\xi_t)$ 写作：

$$\max \mathbb{L}(\xi_t \mid \mu, \sigma) = -(n-1)\ln(2\pi)/2 - (n-1)\ln(\sigma^2)/2 - \sum_{t=2}^{n} \frac{\ln\frac{\xi_t}{\xi_{t-1}} - (\mu - \sigma^2/2)}{2\sigma^2} \tag{5-6}$$

ξ_t 可以看作节点成功合作的历史记录或成功率，那么可以得到 x_T 概率密度函数（PDF）：

$$f(x_T) = \mathrm{e}^{-1/2[\frac{\ln x_T - \ln x_0 - (\mu - \sigma^2/2)}{\sigma}]^2} / (\sqrt{2\pi}\sigma x_T) \tag{5-7}$$

这个距离的分布可以由下面公式得出：

$$\mathbb{F}(x_T) = \int_0^l f(x_T)\,\mathrm{d}x_T \tag{5-8}$$

作为一个资源共享的系统，参与者可以根据所做的贡献给予一定的激励。这种激励在某种程度上会使参与者有意愿维持在系统范围内增强系统的可靠性，如在参与任务时，节点主动降低自己的行进速度以避免断开连接。这种有一定主观打破一般规律性的行为，可能使得实际分布情况偏离对数正态分布（对数正态分布常用于自由运动），因此需要考虑进行一些改进以抵消这种情况（这种情况实际上是有利的）造成的奇异性。基于这个思想，将最小交叉熵引入了对数正态分布。

5.3.2 最小交叉熵

【定义 5.1】

在概率空间（Ω，$\mathbb{F}$，$\mathbb{G}$）中定义了两个概率分布$\mathbb{F}$和$\mathbb{G}$，根据相应的密度函数f和g，$\mathbb{G}$和$\mathbb{F}$间的交叉熵$D(\mathbb{G}, \mathbb{F})$可以由以下公式定义：

$$D(\mathbb{G}, \mathbb{F}) = \int_\Omega g\ln(g/f)\,\mathrm{d}x \tag{5-9}$$

交叉熵衡量了一个未知分布$\mathbb{G}$和一个已知分布$\mathbb{F}$之间的差距。最小交叉熵准则是由 Kullback 在 1956 年提出的，它提供了一个估计与主要分布尽可能接近的概率密度的准则。这个分布在多数情况下非常接近原始分布，可用已知信息估计。最小交叉熵准则可以通过以下问题求解描述：

$$\min D(\mathbb{G}, \mathbb{F}) = \int_\Omega g\ln(g/f)\,\mathrm{d}x$$

$$s.t.\quad \int_\Omega g\,\mathrm{d}x = 1$$

$$g \geqslant 0$$

$$\int_\Omega g M_i(x)\,\mathrm{d}x = o_i,\ i = 1, 2, \cdots, n$$

其中$M_i(x)$是矩函数，o_i是目标分布的统计矩。前两个约束保证了g是一个概率密度函数。矩约束保证了 g 的统计矩与 o_i 相同可以有与被观察的相同统计矩。

【命题 5. 1】

上式的解为：

$$g = \frac{e^{[\sum_{i=1}^{n}\lambda_i M_i(x)]}}{\int_{\Omega}\exp[\sum_{i=1}^{n}\lambda_i M_i(x)]f\mathrm{d}x}f \tag{5-10}$$

证明：公式（5-10）的拉格朗日函数可以写作：

$$\mathcal{L}(g,f,\lambda) = -\int_{\Omega} g\ln(g/f)\mathrm{d}x + (\lambda_0 + 1)\left(\int_{\Omega} g\mathrm{d}x - 1\right) + \sum_{i=1}^{n}\lambda_i\left[\int_{\Omega} gM_i(x)\mathrm{d}x - o_i\right] \tag{5-11}$$

λ_i，$i = 0$，1，…，n 为拉格朗日乘子，最优解的条件为：

$$\ln(g/f) = \lambda_0 + \sum_{i=1}^{n}\lambda_i M_i(x) \tag{5-12}$$

或

$$g = e^{\lambda_0}\exp[\sum_{i=1}^{n}\lambda_i M_i(x)]f \tag{5-13}$$

对等式两边积分，因为 $\int_{\Omega} g\mathrm{d}x = 1$，所以有：

$$e^{-\lambda_0} = \int_{\Omega}\exp[\sum_{i=1}^{n}\lambda_i M_i(x)]f\mathrm{d}x \tag{5-14}$$

公式（5-13）除以公式（5-14）则为证明。

让 $\mathbb{G}(x_T)$ 表示对参与者有激励的分布，$g(x_T)$ 则为密度函数。$\mathbb{G}(x_T)$ 是一个非常接近 $\mathbb{F}(x_T)$ 的分布。$g(x_T)$ 可以通过最小化 $\mathbb{G}(x_T)$ 和 $\mathbb{F}(x_T)$ 的交叉熵在某些约束下获得：

$$
\begin{aligned}
&\min D(\mathbb{G}, \mathbb{F}) = \int_0^l g(x_T)\ln[g(x_T)/f(x_T)]\mathrm{d}x_T \\
&s.t. \int_0^l g(x_T)x_T\mathrm{d}x_T = c_1E_{\hat{F}}(x_T) \\
&\int_0^l g(x_T)\ [x_T - c_1E_{\hat{F}}(x_T)]^2\mathrm{d}x_T = c_2Var_{\hat{F}}(x_T) \\
&\int_0^l g(x_T)\mathrm{d}x_T = 1 \\
&g(x_T) \geqslant 0
\end{aligned}
\tag{5-15}
$$

这里 $c_1 > 0$，$c_2 > 0$ 为常数，$E_{\hat{F}}(x_T)$ 和 $Var_{\hat{F}}(x_T)$ 分别为 $\hat{F}(x_T)$ 的期望与方差。

根据公式（5-10），解可以写为：

$$
g(x_T) = \frac{\mathrm{e}^{\lambda_1x_T+\lambda_2[x_T-c_1E_{\hat{F}}(x_T)]^2}f(x_T)}{\int_0^l f(x_T)\mathrm{e}^{\lambda_1x_T+\lambda_2[x_T-c_1E_{\hat{F}}(x_T)]^2}\mathrm{d}x_T} \tag{5-16}
$$

在有激励的场景中，$c_1>1$，$c_2<1$ 成为约束条件。$c_1>1$ 意味着参与者主动地保持在连接范围内，$c_2<1$ 表示参与者更稳定（减缓行动）。需要注意的是，公式（5-16）并不是 $g(x_T)$ 的最终解，因为一系列拉格朗日乘子还没有确定。这里给出这些乘子的计算方法。将公式（5-16）替换入公式（5-11），最小交叉熵的可编程求解形式为：

$$
\max D(\lambda) = -\ln\{\int_0^l \mathrm{e}^{\lambda_1x_T+\lambda_2[x_T-c_1E_{\hat{F}}(x_T)]^2}f(x_T)\mathrm{d}x_T\} + \lambda_1c_1E_{\hat{F}}(x_T) + \lambda_2c_2Var_{\hat{F}} \tag{5-17}
$$

假设 λ_1^* 和 λ_2^* 是公式（5-17）的最佳求解。将 λ_1^* 和 λ_2^* 代入公式（5-16）中得到：

$$
g^*(x_T) = \frac{\mathrm{e}^{\lambda_1^*x_T+\lambda_2^*[x_T-c_1E_{\hat{F}}(x_T)]^2}}{\int_0^l f(x_T)\mathrm{e}^{\lambda_1^*x_T+\lambda_2^*[x_T-c_1E_{\hat{F}}(x_T)]^2}\mathrm{d}x_T}f(x_T) \tag{5-18}
$$

可以看出密度函数 $g^*(x_T)$ 由 λ_1^* 和 λ_2^* 决定，受收益动机影响。因此 $g^*(x_T)$ 是受 c_1 和 c_2 影响的。

可靠性的数学期望 $E_{\hat{F}}(x_T)$ 和相应的方差 $Var_{\hat{F}}(x_T)$ 在激励作用之前可以计

算获得，从而阐明了最小交叉熵的约束。

$$E_{\hat{F}} = \int_{0}^{+\infty} \hat{F}(x_T) x_T \mathrm{d}x_T = x_0 \mathrm{e}^{\mu}$$

$$Var_{\hat{F}} = \int_{0}^{+\infty} \hat{F}(x_T) \left[x_T - E_{\hat{F}} \right]^2 \mathrm{d}x_T \tag{5-19}$$

$$= x_0^2 \mathrm{e}^{2\mu} (\mathrm{e}^{\sigma^2} - 1)$$

将公式（5-7）和公式（5-19）代入公式（5-17），拉格朗日乘子 λ_1^* 和 λ_2^* 可以通过解公式（5-17）获得。再通过估计获得的 λ_1^* 和 λ_2^* 与公式（5-7）和公式（5-19）代入公式（5-18），$g^*(x_T)$ 便可以获得。

图 5.4 中展示了有激励作用的对数正态分布的 PDF 和一个标准对数正态分布的 PDF。可以看出，有激励机制时，到达极限任务范围（如 40 米）的概率会比标准对数正态分布的低。

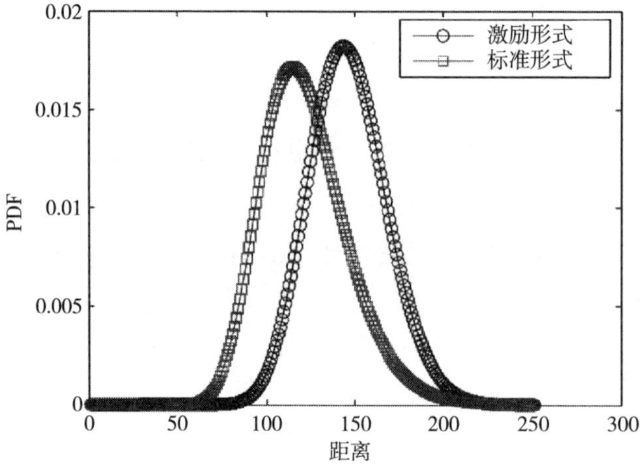

图 5.4　两种分布形式的对比

5.4　容错机制

作为一个移动的计算平台，为了避免由于断连导致的失败以及参与者主动或被动地中断任务，额外的保护机制也是必要的，这种保护也常称作容错。许多现成的容错方法基于主要备份模式，即通过让分片加倍获取冗余。这种方法非常消耗资源，尤其对时延不友好。针对边缘计算架构的特点（资源有限和时延敏感），显得并不合适。因此需要一个相对妥协的方法兼顾可靠性升级与尽量减少资源消耗。基于上一节的可靠性估计，可以只对每一层中最低可靠性的参与节点进行分片复制并额外分配资源，从而达到容错的目的。如果有 N 个子节点可以参与父节点的分配，那么前 $N-1$ 个节点（优先级排序后）作为主要节点，剩余的 1 个节点作为处理复制分片的节点备份。这个机制的前提是确保没有失败情况发生时的时延性能。实际上，在包括可靠性估计的任务分配后，一系列主要分片的规划是已经确定的。这个备份分片的调度并不能影响主要分片，从而保证了在没有失败情况发生时的时延依然最优。因此发送的备份分片只能利用两个分片间隔的通道空闲进行传输，由于发送过程是紧密排列的，所以这个空闲只能发生在回传期间，如图 5.5（a）所示。根据任务分配方案，这个间隔必须满足：

$$T_{idle} > \frac{V_{backup}^{A}}{R_{backup}^{net}} \tag{5-20}$$

如果这个不等式不能满足，则备份发送分片只能列为回传的队尾，如图 5.5（d）所示。假设该主分片在发送期间出现失败，通道立刻释放并计算与下一个占用此通道分片的时间间隔，判断是否满足不等式。一旦满足不等式，则如图 5.5（b）（e）所示，备份分片传输。一般这种情况只会出现在该分片处于发送的末端，间隔为与下个回传分片间的空闲，因为紧密排列的发送队列不会在时间已经占用部分后依然满足原大小分片。当回传期间出现失败情况，如图 5.5（c）（f）所示，备份分片也要依据通道空闲的释放情况来选择不同的行动方式。

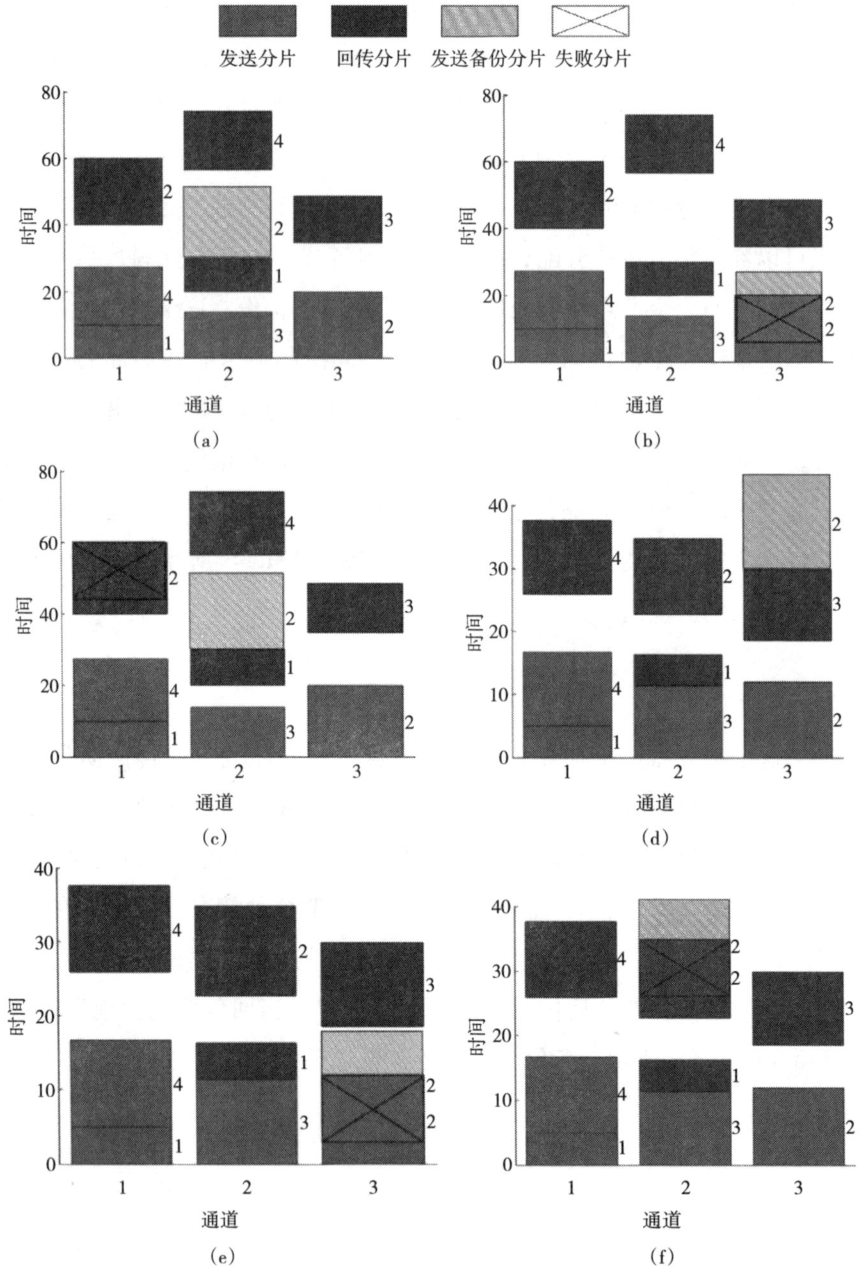

图 5.5 单一分片备份的容错机制

(a)(b)(c)表明备份分片被一个强节点处理

(d)(e)(f)表示备份分片被一个弱节点处理

5.5 仿真测试

本节对提出的时延模型优化方法、可靠性计算和容错机制进行仿真测试。

5.5.1 交换算法

首先测试针对时延模型的优化算法。依然设置三个 MU-MIMO 通道。参与节点数设置为｛5，10，15，20，25，30｝。网络速率和计算速率分别在｛200，300｝和｛20，30｝范围内随机获得。为了对比优化算法，采用了上一章引入对比的 GA-D 算法（本章模型不适用 GA-SD）。为了限制算法运行时间，评估函数次数为 1000。从图 5.6 中可见，在前三个情况中，交换算法的性能明显优于 GA-D，但是差距随着节点数增加而缩小。另外三个情况中，两者的差别并不明显。这个现象也表明交换算法在小规模协作时更合适，如 10 个节点。实际上，如果再把鲁棒性考虑在内，小规模平台也是协作边缘计算的理想结构。图 5.6 也证明了优化算法对于时延减小有作用，但提升作用随着节点增加而变小。其中原因可以理解为增大系统规模带来的性能提升会逐渐盖过优化算法的作用。

5.5.2 可靠性限制影响

本小节首先把可靠性的估计引入时延模型。当对可靠性进行限制时，资源的利用将由各层节点的（可靠性）选择决定。如图 5.7 所示，预设边缘计算架构抽象为拓扑，6 个节点作为第一层、10 个节点作为第二层。

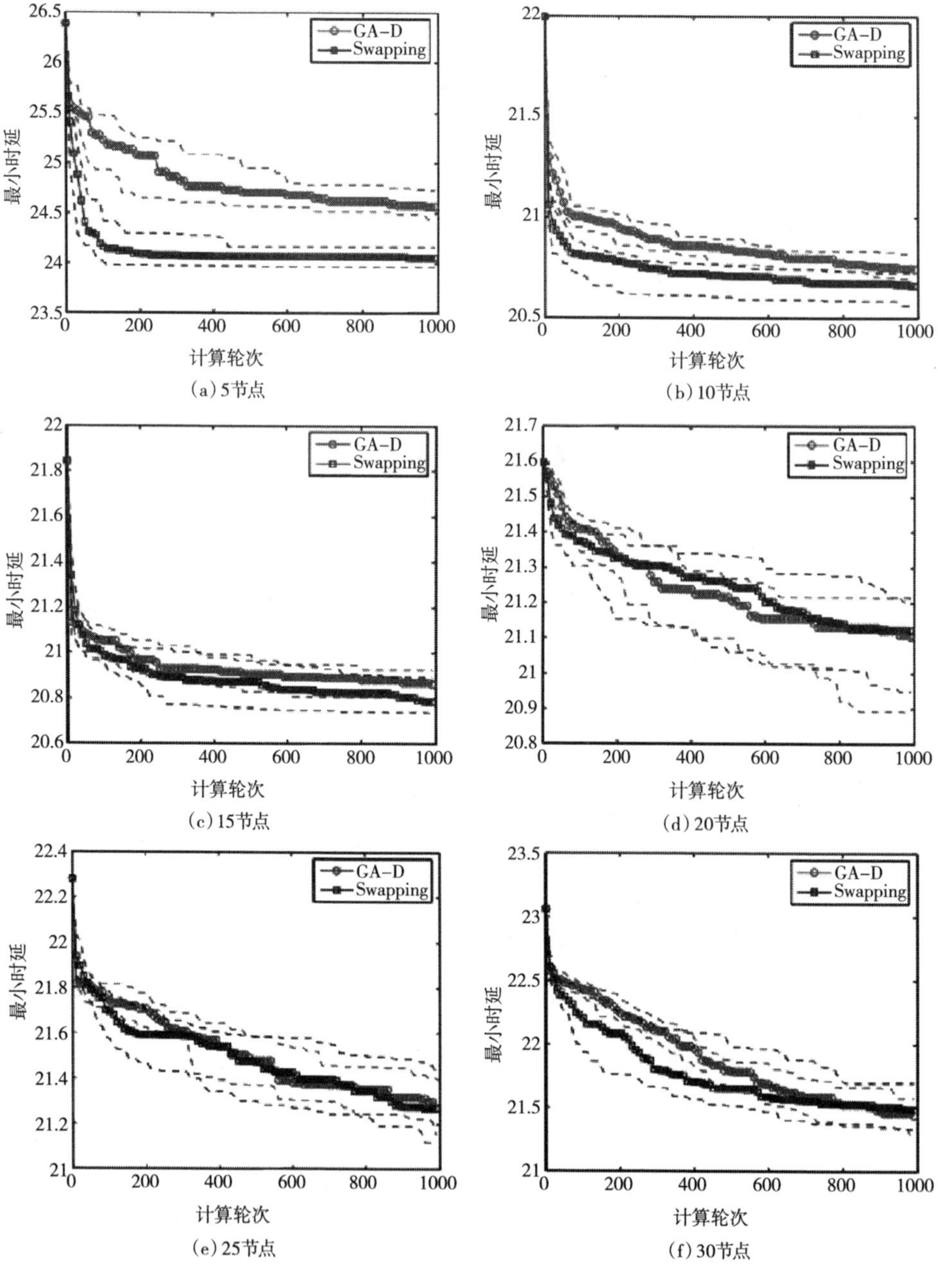

(a) 5节点　(b) 10节点

(c) 15节点　(d) 20节点

(e) 25节点　(f) 30节点

图 5.6　GA-D 与交换算法对比

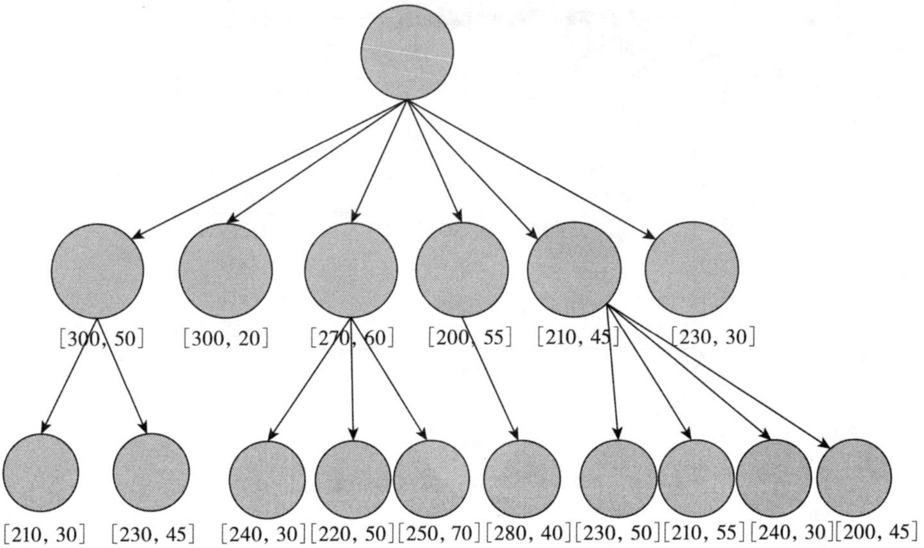

图 5.7　仿真中的拓扑结构

考虑四种情况，包括 3~6 个簇。可靠性估计利用了基于激励的对数正态分布和标准正态分布。数字参数按照图中设置。

在两种情景下（激励与无激励），任务时延和可靠性的关系由图 5.8 所示。通过对比，激励机制可以提供更高的可靠性。所以在一定的门限设置下，资源利用在两种情景下是不同的。如果选择 0.9 或者 0.7 作为可靠性门限进行节点筛选，资源利用的结果如图 5.9 所示。

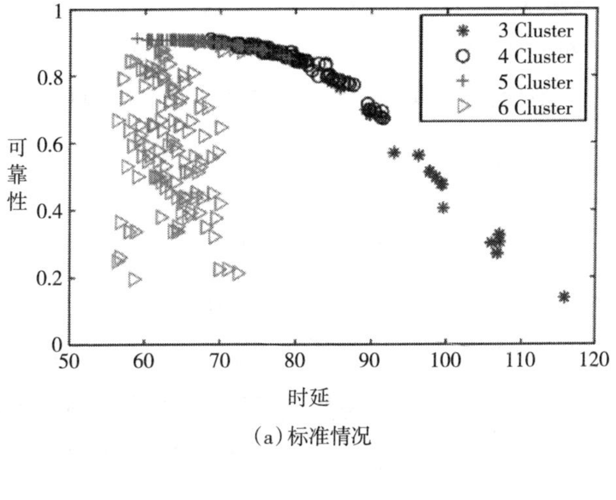

(a) 标准情况

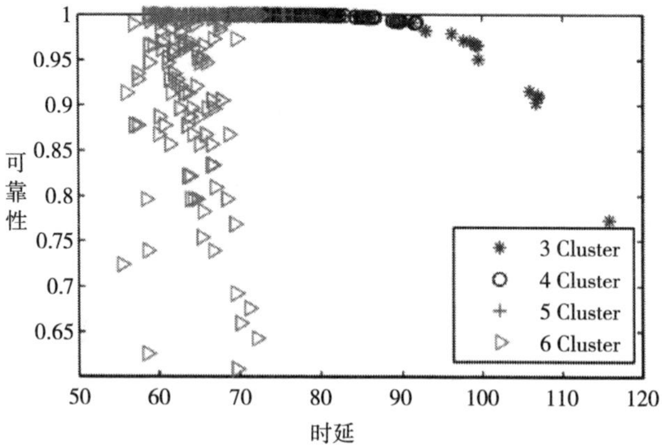

(b)激励情况

图 5.8　两种情景下最小时延与可靠性的关系

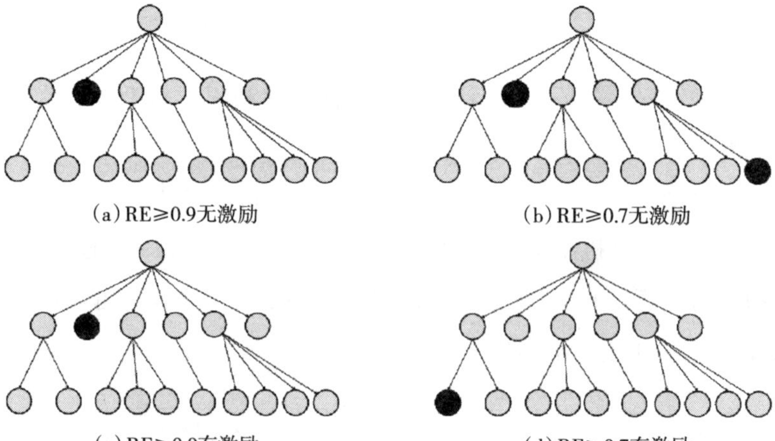

图 5.9　两种情境下可靠性限制的资源利用（其中深色圆点被抛弃）

5.5.3　容错机制

这里考虑有激励情况并加入容错机制，基于每个簇的可靠性计算，分片 2 可靠性最低则需要进行分片备份。如图 5.10 所示，可以看到通道利用情况，在处理阶段会出现三个间隔，这些间隔是否能够容纳分片 2 的备份由通过备份节点的传输速率决定。第一个间隔是从时延角度考虑的首选但是需要备份节点网速达到 207Mb/s。第二个间隔是次选，但也需要网速达到 200Mb/s。如果网速达到 164Mb/s，第三个间隔也可以用；否则，备份分片只能使用第四个时间段。

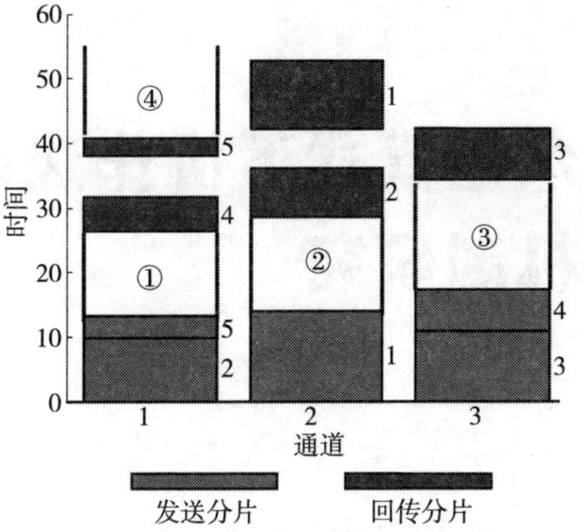

图 5.10 容错分片的通道利用情况

本章小结

本章在上一章的基础之上，从理论角度讨论了一种更复杂的边缘计算模式，即考虑移动协作模式中的连接不稳定性带来的可靠性需求。首先，本章提出基于 Ad-hoc 资源发现模式的任务分割方法，并通过对可靠性的计算，提出了时延优化模型和容错机制。考虑到此种模型的复杂性，且上一章中提出的优化算法复杂度过高并不适用，因此提出了一种新的启发式优化算法。仿真结果说明了时延模型、优化算法和容错机制的有效性。

6 移动众包模式下协作边缘计算的激励机制研究

按照边缘计算的理想概念，海量的计算设备都可以成为任务执行者，这也意味着边缘计算的节点要打破拥有者的界限，进行资源共享。从业务角度来说，也算是一种众包（Crowdsourcing）模式。"众包"这个名词最初由 Jeff Howe 于 2006 年提出①。移动众包（Mobile Crowdsourcing，MCS）则是由于移动计算节点的普及应运而生的新一代众包模式，这也与上一章讨论的形式相吻合。在文献②中，MCS 被分为两种类型：一种是移动众包感知，另一种是移动众包计算。

许多移动众包感知的应用已经被广泛接受。SignalGuru③ 利用参与者的智能手机，机会性地探测道路中信号灯状况，并通过无线（多跳）网络交换信息。Medusa④ 收集移动用户视频、声音、道路监控等信息用于共享。一些类似的志愿感知系统在文献⑤中进行了汇总，包括面向车流监控的 VTrack，噪声监

---

① J. Howe. The rise of crowdsourcing [J]. Wired, 2006, 14 (6): 1-4.

② J. Ren, Y. Zhang, K. Zhang and X. Shen. Exploiting mobile crowdsourcing for pervasive cloud services: challenges and solutions [J]. IEEE Commun. Mag., 2015, 53 (3): 98-105.

③ E. Koukoumidis, M. Martonosi and L. S. Peh. Leveraging smart phone cameras for collaborative road advisories [J]. IEEE Trans. on Mobile Comput., 2012, 11 (5): 707-723.

④ Moo-Ryong Ra, Bin Liu, Tom F. La Porta, and Ramesh Govindan. Medusa: a programming framework for crowd-sensing applications [C] //In Proc. MobiSys, 2012: 337-350.

⑤ X. Zhang et al.. Incentives for mobile crowd sensing: A survey [J]. IEEE Commun. Surveys Tuts., 2016, 18 (1): 54-67.

控的 NoiseTube，无线网络发现的 Sensorly、SmartTrace 和 City Explore，行为与关系发现的 Co-evolution，活跃度监控的 Frequent Trajectory Pattern，室内定位的 LiFS 和 TrMCD，气候变化数据的 BudBurst，地理位置标签的 EyeSpy 等。对于移动众包计算的应用就远没有移动众包感知多，但也有一些出色的应用，CrowdDB① 聚焦亚马逊 Mechanical Turk 平台成员的问询任务；Honeybee② 利用自己的移动设备为本地其他用户提供人脸捕捉和拍照任务等。

众包系统的能力完全取决于参与者的数量和质量。但是志愿参与者（设备）的一些特点也会使系统的稳定性降低。这里的因素包括主动和被动两个方面。主动原因包括为了节约自身电量，或者为自身应用保留处理器、内存、带宽等资源，以及主动转移到另一众包任务上等。被动原因包括断电（电池耗尽）、网络断连、硬件软件故障等。如果考虑到这些参与设备可以与边缘计算网关一样有稳定供电，那么主动和被动因素中的电量问题就都可以忽略。因此除了软硬件故障的问题，维持服务稳定的因素基本都可以归于志愿者的主观意愿上。比如，如果设备由于移动移出无线连接范围，设备方可以选择暂时停止移动直到任务完成。对于一个理性参与者来说，这种会产生很多影响的“意愿”可以取决于激励机制，甚至在一些常见情况中，当志愿者参与到众包合作时，他们不仅要消耗自身设备资源，如硬件寿命、占用设备接口、耗电、网费等，还会带来潜在的安全与隐私问题，包括位置暴露、洪泛攻击、劫持等。所以除非能获得足够的激励，一个理性的设备拥有方可能会不愿意参与合作。

尽管近几十年对于参与式系统的激励机制的研究已经比较成熟，但多数的研究是基于移动众包感知场景的。这类场景基本都是数据采集并传输，在数据处理方面负担并不重。如果以众包计算为应用形式，整个任务过程就要复杂得

---

① Michael J. Franklin, Donald Kossmann, Tim Kraska, Sukriti Ramesh, and Reynold Xin. CrowdDB: answering queries with crowdsourcing [C] //In Proc. ACM SIGMOD, 2011: 61-72.

② Niroshinie Fernando, Seng W. Loke, Wenny Rahayu. Honeybee: A programming framework for mobile crowd computing [C] //Mobile and Ubiq. Syst.: Comp., Net., and Services. 2013: 224-236.

多，即如第四章中描述的复杂场景。因此 MCS 的激励机制应该用更精细的设计来匹配这种普适情景（众包感知可以看作一种忽略某些步骤的特殊应用），让系统的双方都能获得相应的满足。本章研究的目标就是结合边缘计算的框架，即基于上一章中的任务分配模型，设计一种激励体系以改进优化目标性能。

6.1 常见激励方法

MCS 激励机制的相关研究已经比较多了，但绝大多数聚焦于参与性的感知应用场景中。这些激励方法主要分为三类：单向合同、拍卖以及博弈。

在综述文献①的工作中，单项合同的方式被看作“数据先上传”。主要想法是基于每个参与者上传数据的贡献来进行奖励，并不需要双方的协商。Lv 等②主要关注如何通过鼓励已有参与者从而招揽更多参与者。而这个激励包括参与者上传数据的贡献和其招揽其他参与者的贡献，类似于“传销”的方式。Luo 等③提出需求公平的激励机制。整个机制考虑了一个特殊场景：数据贡献者也是数据消费者。但该工作并没有对所有参与者的数据贡献给出最为公平评估的进一步探索。Faltings 等④提出称作 Peer Truth Serum 的方法。他们利用每个参与者的数据评估其对整个测量精确度提升的影响，然后用整个评估的贡献度计算响应的激励。上述方法的优点就是注重决策的效率，任务发起者不需要与参与者进行协商，也是考虑到这个协商往往比较烦琐，且过程复杂。然而，这种直接的激励机制忽略了参与者的需求，个体的偏好很难通过单项合同的方

① H. Gao et al.. A survey of incentive mechanisms for participatory sensing [J]. IEEE Commun. Surveys. Tuts., 2015, 17 (2): 918-943.

② Y. Lv and T. Moscibroda. Faire and resilient incentive tree mechanisms [J]. Distrb. Comput., 2013, 29 (1): 1-16.

③ T. Luo and C. K. Tham. Fairness and social welfare in incentivizing participatory sensing [C] //in Proc. IEEE SECON, 2012: 425-433.

④ B. Faltings, J. J. Li and R. Jurca. Incentive mechanisms for community sensing [J]. IEEE Tran. Comput., 2014, 63 (1): 115-128.

法得到保证。

基于拍卖的方法也是比较流行的。Danezis 等①考虑通过一个密封投标且第二价成交的拍卖方式来激励参与者，但是在设计拍卖中并没有考虑任务发起方的效用。Lee 等②设计了一个反向拍卖动态价格激励机制（RADP）来减小和稳定任务发起方的代价并同时维持了参与者的收益水平。参与者声明他们愿意卖出感知数据的价格，同时引入虚拟参与信用（VPC）来维持价格以解决代价过大的问题。但是真实性的基本面没有被考虑。Koutsopoulos 等③瞄准最小化参与者的激励开销，并服从 QoS 映射和一个最优化的反向拍卖。参与者只需要出价和决定参与的程度。但是上述的拍卖机制都是胜者—支付的模式，即在协作系统中需要被激励的参与者会多余一个。因此一些研究聚焦了许多—支付或全体—支付的拍卖模型。Zhang 等④首先设计了一个所谓基于门限的拍卖（TBA）。但是由于第一批参与者只是被用来计算门限，发起者用这个门限再选择其他低于这个门限出价的参与者，这对第一批参与者不太公平。因此他们进一步设计了一个真实在线激励机制（TOIM）和考虑第一批参与者的一个面向到达离开的真实在线激励机制（TOIM-AD）。在计算价格门限后，参与者可以从第一批选到最后一批。Zhao 等⑤提出一个非对称全体—支付竞赛（拍卖）模型。他们用一组包含每个潜在赢家的奖励函数作为奖励元组用于竞赛。通过找到唯一均衡/最优的奖励元组为这个问题求解。实际上，这个所谓的拍卖模型已经接近博弈论模型了。

---

① G. Danezis, S. Lewis, RJ. Anderson. How much is location privacy worth? [C] //in Proc. WEIS, 2005.

② Juong-Sik Lee and Baik Hoh. Dynamic pricing incentive for participatory sensing [J]. Pervasive Mob. Comput., 2010, 6 (6): 693-708.

③ I. Koutsopoulos. Optimal incentive-driven design of participatory sensing systems [C] //in Proc. IEEE INFOCOM, 2013: 1402-1410.

④ X. Zhang, Z. Yang, Z. Zhou, H. Cai, L. Chen and X. Li, Free market of crowdsourcing: Incentive mechanism design for mobile sensing [J]. IEEE Trans. on Parallel Distrb. Syst., 2014, 25 (12): 3190-3200.

⑤ D. Zhao, X. Y. Li and H. Ma. How to crowdsource tasks truthfully without sacrifificing utility: Online incentive mechanisms with budget constraint [C] //in Proc. IEEE INFOCOM, 2014: 1213-1221.

当然也有许多运用博弈论模型来对出价过程进行建模。其中，Stackelberg 模型由于其简洁性最受欢迎。Duan 等①提出一个面向数据请求和分布式计算两种应用的参与者中心的激励模型。Stackelberg 博弈用于给发起者设计一个门限收益模型。Yang 等②建立了一个平台中心的 Stackelberg 博弈激励机制。但是 Stackelberg 博弈的缺点是需要所有参与者都公开自己的价格、需求等细节，存在隐私泄露的问题。

其实，这三种类型的激励模型都有各自的优缺点，因此要通过分别建立相应模型来比较哪种方式更适合我们提出的协作式边缘计算框架。

6.2 激励机制

6.2.1 激励与 QoS

绝大多数的激励机制是将经济收益与 QoS 联系起来。在网络领域，QoS 包括网速、吞吐量、延迟、抖动等，直接或间接反映用户体验。在这些参数中，延迟是很多应用中最易衡量的因素之一。在计算领域，QoS 可以通过计算准确性和运行时间体现。计算准确性是一个客观的衡量因素，主要取决于算法是否合理。一些计算应用如运行启发式算法，计算准确性依赖于计算性能和运行时间（更多的迭代获得更优的结果）。因此在给定某种算法和处理器，运行时间在一定程度上可以代表计算的 QoS。综上，结合计算和网络两个方面，整体运行时间可以成为衡量 MCS 的 QoS 的主要指标。这意味着在设计激励机制时需要基于整体运行时间也就是第四章提到的任务时延来进行。

这里借鉴上一章针对时延和任务分片的表达方式，首先定义异构资源

---

① L. Duan, T. Kubo, K. Sugiyama, J. Huang, T. Hasegawa and J. Walrand, Incentive mechanisms for smartphone collaboration in data acquisition and distributed computing [C] //in Proc. IEEE INFOCOM, 2012: 1701-1709.

② D. Yang, G. Xue, Xi Fang, and J. Tang. Crowdsourcing to smartphones: incentive mechanism design for mobile phone sensing [C] //in proc. ACM Mobicom, 2012: 173-184.

（速率），包括发送速率、数据处理速率和回传速率，N 为参与众包节点数，写作：

$$R_i = \{t_i, p_i, r_i\}, \quad \forall i \in N \tag{6-1}$$

任务时延则依然采用第五章的表达方式：

$$T = \max_i\left(\frac{v_i}{t_i} + \frac{v_i}{p_i} + \frac{v_i}{r_i} + X(v_i, p) + Y(v_i, q)\right) \tag{6-2}$$

$X(v_i, p)$ 和 $Y(v_i, q)$ 定义参见第五章。而针对整个问题的优化求解，可以参考第四章中提出的基于 GA 的算法。由于后面的相关模型会调用这个算法，因此本章依然给出算法的伪代码：

算法 1：任务分配与遗传算法框架

```
1: Initial GA parameters
2: Initialize population:
   v_i: =Dirichlet_Function (N)
   //初始化任务分片大小
   p: =randperm (N)        //随机产生发送顺序
3: while j<G do
4:    Evaluate latency function
5:    Do mutation and crossover for p AND
      generate new Dirichlet sample for v_i
6:    Reserve best results       //寻找最小时延
7: end while
```

算法的时间复杂度为 $O(G \times K \times N)$，其中 N 是节点个数，G 和 K 分别是遗传算法的后代数和种群数。

6.2.2 基于贡献的模型

基于贡献的奖励对任务发起者是一种公平的机制。因为他不需要关心参与者的内在行为，而只需要关注结果。在一个 MCS 框架中，谁提供更多的能力来减小系统时延将获得更多的奖励。实际上，参与者的贡献可以通过计算所有 N 个节点参与的整体时延 T 和除他之外 $N-1$ 个节点参与的整体时延 $T_{\{N\setminus i\}}$ 来得到，$\forall i \in N$ 的差，如公式（6-3）所示。一些情况下，这个差可能是负的，这表示该参与者拖累了系统性能，应该被排除于合作之外。

$$C_i = T_{\{N \setminus i\}} - T \tag{6-3}$$

让 η_i 代表节点 i 做时延贡献的比例，表达为：

$$\eta_i = \frac{C_i}{\sum_{i=1}^{N} C_i} \tag{6-4}$$

从而节点 i 获得支付激励为 $P_i = \eta_i \times \mathcal{P}$，$\mathcal{P}$表示发起者的所有支付总额。由于 T 的计算复杂度为 $O(G \times K \times N)$，因此这个激励计算时间复杂度为 $O(G \times K \times N^2)$，可见这个方法的复杂度很高。考虑到一般情况下，协作式的边缘计算节点数有限，因此尽管算法复杂度较高，但执行时间仍在可忍受范围内。

算法描述如下：

算法 2：基于贡献的模型

1：$T \leftarrow Algorithm1\ (N)$
   //计算所有 N 个参与者的时延
2：**for** $i=1$ to N **do**
3： $T_{\{N \setminus i\}} \leftarrow Algorithm1\ (N \setminus i)$
     //计算没有 i 参与的时延
4： $P_i \leftarrow T - T_{\{N \setminus i\}}$
5：**end for**

6.2.3 基于拍卖的模型

显然，基于贡献的模型（Contribution-based Model，CM）是一个单方合同，参与者的需求是不被考虑的。例如，由于 CM 仅考虑时延性能，一些高成本且计算和网络速率中不占优势的参与者是不会被奖励更多的，即使他们可以提供可信、稳定的服务，这就是一种不公平的情况。因此在激励机制中，可以考虑引入更公平的双向协议。一些类似的应用，如众包感知，重点关注了时间效率高的反向拍卖模型。反向拍卖可以保证交易成功（参与者的出价持续减少直到最后一轮），这使得策略一直在改变直到目标达成。而实际中，任何参与者的改变都会影响时延计算和任务分配，每轮都要重新计算会使得算法运行效率非常低。由此可见，多轮拍卖模型并不适用于我们提出的边缘计算框架，所以一轮拍卖的模型（密封投标拍卖）可能是一个较合适的路线。这里提出只需一轮竞标的拍卖模型（Auction-based Model，AM），任何满足任务发起者效用（包括支付和 QoS 需求）的投标都可以被接受作为合作方。双边的行为可以抽象为：一个任务发起者将任务和支付分发给一组可以有条件贡献计算能力的志愿参与者。这个行为的目标是设计一个任务和支付的分配方式确保双方都满意，即整个众包计算过程的时延最小且对参与者的补偿合理。本质上，所有参与者都需要衡量自身的代价和对支付的期望然后给出单位数据的底价。一些参与者可能希望有一个保底的收益，也就是需要确保在单位价格上工作量足够大（分到的数据足够多）。如果不能满足，则它们会拒绝冒着安全和隐私的风险接收任务（避免被恶意的极小工作量钓取敏感信息）。而且，出于对自身业务优先的考量，参与者也可能提出参与时间限制。这些限制条件都要被纳入时延模型的优化问题中去。首先支付模型可以表达如下：

$$P_i = \Omega_1^i \cdot v_i \tag{6-5}$$

其中 Ω_1^i 是参与者 i 的投标单价（每数据单位），v_i 是参与者 i 获得任务分片的大小。除非参与者没有提出之前讨论的合理需求，那么支付需要满足以下条件：

$$\min T = \min \max_i \left(\frac{v_i}{t_i} + \frac{v_i}{p_i} + \frac{v_i}{r_i} + X(v_i, p) + Y(v_i, q) \right) \tag{6-6}$$

且服从

$$\sum_{i=1}^{N} v_i = V \tag{6-7}$$

$$v_i \in \{0\} \cup \{[\frac{\Omega_2^i}{\Omega_1^i \cdot V}, \cdots, 1)\} \tag{6-8}$$

$$0 < \frac{\Omega_2^i}{\Omega_1^i \cdot V} < 1 \tag{6-9}$$

$$\sum_{i=1}^{N} (\Omega_1^i \cdot v_i) \leqslant \mathcal{P} \tag{6-10}$$

从公式（6-8）中可以看出，每个任务分片大小是 0 或存在下限的区间。

而参与者可以通过提出最小支付门限 Ω_2^i 来获得。存在［0，1］区间中的更小子区间，也就是在优化算法中搜索空间时，可以利用第四章提到的 shadow Dirichlet 算法来实现。带有界限的子区间可以作为“shadow”矩阵收缩标准 Dirichlet 的搜索空间。①

如第四章描述，有：

$$v' = v \cdot M \sim shadowDirichlet(\alpha, M)$$

M 包含了上下界，下界 $l = \{l_i, \forall i \in N\}$ 由表达式获得，而上界 $u = \{u_i, \forall i \in N\}$，严格来说并不一定是 1，而是要通过下界获得：

$$u(i) = \begin{cases} 1 - \sum_{j=1, j \neq i}^{d} l(j), & u(i) \geqslant l(i) \\ 1, & u(i) < l(i) \end{cases} \tag{6-11}$$

对于 M 生成的算法，有如下描述：

算法 3：shadow 矩阵的生成
Input：matrix dimension d，upper bound u，lower bound l **Output**：$\boldsymbol{M}$ **First step**：Fill diagonal of $\boldsymbol{M}$ with l **Second step**：Fill the $\boldsymbol{M}(i, i+1)$，$i \in d$ with $\frac{u(i, d)}{\sum u(i, d)}$ $(1-\sum M(i, i: i+1))$ **return** $\boldsymbol{M}$

但同时还要满足：

$$\sum_{i=1}^{N} \frac{\Omega_2^i}{\Omega_1^i \cdot V} \leqslant 1 \tag{6-12}$$

否则，至少有一个参与者的条件不会被满足。为了确保系统的性能，排除参与者的结果都是越少越好，当然前提是合理的。因此在实际操作中，对任务分片量要求过多的参与者应该首先被排除直到不等式被满足。

① B. Frigyik, M. Gupta, and Y. Chen. Shadow dirichlet for restricted probability modeling［C］//in Adv. in Neural Info. Proc. Syst. 23, 2010: 613-621.

公式（6-8）和（6-9）可以通过 shadow Dirichlet 来求解，但是不等式是一个难题。通常，如果抽样不能满足不等式，要对 v 重新抽样。但是由于价格和收益需求都是由参与者提出的，这个解可能根本不存在，重新抽样也没有意义。因此重新抽样的次数也需要进行限制，如果重新抽样达到界限，则最高价参与者会被排除，而这个过程一直执行直到求解成功。算法 4 描述了 AM 的步骤。算法的时间复杂度在最坏的情况（所有参与者都由于重新抽样的限制而被排除）为 $O(r \times G \times K \times N^2)$，其中 r 为重新抽样的限制次数，而最好情况的时间复杂度为 $O(G \times K \times N)$。

算法 4：基于拍卖的模型

1：Initial GA parmeters
2：$\boldsymbol{M}$←*Algorithm*3　　　//产生 shadow 矩阵
3：v_i：=Dirichlet_Function（N）·$\boldsymbol{M}$
　//初始化分片方案
4：**if** $\sum_{i=1}^{N}(\Omega_1^i \cdot v_i) \geq \mathcal{P}$ **then**
5：　Re-Sampl
6：**else if** v_i exists in limted rtials r **then**
7：　Return v_i
8：**else**
9：　$v_i=0$
10：**end if**
11：**p**：=randperm（N）　　　//随机产生发送顺序
12：**while** $j<G$ **do**
13：　Evaluate latency function
14：　Do mutation and crossover for **p** AND
　　generate new Shadow_dirichlet sample
　　for v_i
15：　Reserve best results
16：**end while**

6.2.4 基于博弈的模型

尽管 AM 可以在不获取参与者所有信息的条件下实现，但是最坏情况的时间复杂度非常不理想。因此还需要考虑通过一个不完全信息条件下的博弈模型

(GM)来避免由于参与者过度要求带来的最坏情况。许多之前的工作提到了使用较为简单的斯坦伯格(Stackelberg)博弈模型，但是类似于反向拍卖的缺点，除非达到纳什均衡，参与者的选择始终是动态的，从而使得执行效率大大降低。因此需要引入一个仅有两步的动态博弈模型。在这个博弈中参与者给出能最大化他们收益的效用函数，而任务发起者根据这个信息来最大化自己的收益。这个模型在经济学领域一般可以被抽象为委托代理行为，任务发起者是委托人，而参与者是代理人。研究双方追求各自收益时讨价还价的行为，从而建立一个合理的激励机制。

根据一般委托代理的关系，委托人是风险规避的，而代理人是风险中性的。那么发起人的效用函数应该服从风险规避需求，通常以凹形曲线描述，这里采用 $U_1=-e^{-\tau w_1}$。其中 τ 为绝对风险规避度，w_1 代表其经济收益。参与者的风险中性收益函数可以用经济收益直接代替即 $U_2=w_2$。

假设任务发起者的支付依赖于他所获得的总体 QoS 体验。这里的总体 QoS 不单是 CM 和 AM 中所考虑的时延性能，因为单独的时延特性不能满足委托人效用函数的风险规避特性，所以需要引入其他因素。影响发起者 QoS 体验的因素可以分为两部分，静态因素和动态因素。之前提到的时延是动态因素，因为参与者的行为将直接影响最终的时延；还有一些因素不受参与者行为的影响，被认为是静态因素。假设静态因素满足正态随机特点，表示为 $\Psi \sim N(\mu,\sigma^2)$。动态因素是基于时延的表示为 $f(\mathbb{V})$，$\mathbb{V}$是一个一维连续变量且与 Ψ 不相关。那么基于收益(支付形式)的 QoS 表达为 $Q=f(\mathbb{V})+\Psi$，且有 $Q\sim N(f(\mathbb{V})+\mu,\sigma^2)$。

发起者的收益$\mathcal{R}$与他的 QoS 收益 Q 相关，如果统一量化为支付单位，可以写作 $\mathcal{R}=\xi\cdot Q$。ξ 是支付系数或货币系数。每个参与者的经济收益与处理数据量和定价系数相关，则总的支付为:

$$C(\mathbb{V})=\sum_{i=1}^{N} b_i v_i$$

这里 $b_i>0$ 代表参与者的价格系数，如何确定该系数后面会有讨论。如果发起者花费了所有的预算，那么 $C(\mathbb{V})$ 与$\mathcal{P}$相等。从一个代理人的角度来看，他所获得的收益是提供计算资源而来的，而这种共享行为会负面影响自己业务的性能，因此他是否参与要根据收益是否超过代价来决定。在此基础上，代理的决策依赖于委托人设定的 $b=\{b_i,\ i\in N\}$ 和自己的效用。依据特定的价格系数，代理人可以构建自身的收益函数以最大化效用和自己将参与合作所用的时间。

发起者的效用函数可以表达如下：

$$\begin{aligned} w_1 &= \mathcal{R} - C \\ &= \xi(f(\mathbb{V}) + \Psi) - C(\mathbb{V}) \end{aligned}$$

由于 Ψ 是正态分布，所以有 $w_1 \sim N(\omega,\ \xi^2\sigma^2)$，其中 $\omega=\xi(f(\mathbb{V})+\mu)-C(\mathbb{V})$

由于委托人的 QoS 效用 Q 是一个随机变量，需要通过确定性等价[①]来得到委托人的收益。定义 $\tilde{w}_1$ 为 w_1 的确定性等价。

【定理 6.1】

当 $U_1=-\mathrm{e}^{-\tau w_1}$，$w_1 \sim N(\omega,\ \xi^2\sigma^2)$，$w_1$ 的确定性等价为 $\tilde{w}_1=\omega-\dfrac{\xi^2\sigma^2\tau}{2}$

证明：

$$\begin{aligned} E(U_1) &= E(-\mathrm{e}^{-\tau w_1}) \\ &= \int_{-\infty}^{\infty} -\mathrm{e}^{-\tau w_1}\frac{\mathrm{e}^{-\frac{(w_1-\omega)^2}{2\xi^2\sigma^2}}}{\sqrt{2\pi}\xi\sigma}\mathrm{d}w_1 \\ &= -\mathrm{e}^{\frac{\xi^2\sigma^2\tau^2-2\tau\omega}{2}}\int_{-\infty}^{\infty}\frac{\mathrm{e}^{-\frac{[w_1+(\xi^2\sigma^2\tau)]^2}{2\xi^2\sigma^2}}}{\sqrt{2\pi}\xi\sigma}\mathrm{d}w_1 \\ &= -\mathrm{e}^{\frac{\xi^2\sigma^2\tau^2-2\tau\omega}{2}} \end{aligned}$$

这里，

$$\int_{-\infty}^{\infty}\frac{\mathrm{e}^{-\frac{[w_1+(\xi^2\sigma^2\tau)]^2}{2\xi^2\sigma^2}}}{\sqrt{2\pi}\xi\sigma}\mathrm{d}w_1 = 1$$

让 $E(U_1)=U_1$，则得到：

---

① Daniel Kahneman and Amos Tversky. Prospect theory：An analysis of decision under risk [J]. Econometrica，1979，47 (2)：263-292.

$$\tilde{w}_1 = \omega - \frac{\xi^2 \sigma^2 \tau}{2}$$

证毕。

把公式代入，则有：

$$\tilde{w}_1 = \xi(f(\mathbb{V}) + \mu) - C(\mathbb{V}) - \frac{\xi^2 \sigma^2 \tau}{2}$$

从另一个方面，参与人的效用函数可以写作：

$$w_{2i} = b_i v_i + g(v_i)$$

因为共享资源行为会负面影响自己的应用，因此文献①建议采用满意度函数来衡量这个影响，而 sigmoid 函数经常用来表示这个满意度函数②。那么，$g(v_i)$ 可以写作：

$$g(v_i) = \frac{\gamma}{1 + e^{-\zeta_i(v_i^{lim} - v_i)}}$$

这里 γ 是支付系数，ζ_i 是满意度系数，v_i^{lim} 是分片的大小限制，也是由参与者声明的参与时间限制 T_i^{lim} 决定。

【命题 6.1】

在已知时间限制 T_i^{lim}，分片大小的限制则为：

$$v_i^{lim} = T_i^{lim} / (\frac{1}{t_i} + \frac{1}{p_i} + \frac{1}{r_i})$$

证明：由公式，参与者 i 的任务时间可以表达为：

$$T_i = \frac{v_i}{t_i} + \frac{v_i}{p_i} + \frac{v_i}{r_i} + X(v_i, p) + Y(v_i, q)$$

由于 $X(v_i, p)$ 和 $Y(v_i, p)$ 对于参与者是不知道的。参与者对于时间的估计则有：

---

① Haitao Lin, M. Chatterjee, S. K. Das and K. Basu. ARC: an integrated admission and rate control framework for competitive wireless CDMA data networks using noncooperative games [J]. IEEE Trans. on Mobile Comput., 2005, 4 (3): 243－258; Liu Yang, Chen Z., Lv X. and Han F. Multiple layer design for mass data transmission against channel congestion in IoT [J]. Int. J. Commun. Syst., 2014, 27 (8): 1126-1146.

② David H. von Seggern. CRC standard curves and surfaces with mathematica [M]. Second Edition, Applied Math. and Nonlinear Science Series, Chapman & Hall/CRC, 2006.

$$\tilde{T}_i = \frac{\tilde{v}_i}{t_i} + \frac{\tilde{v}_i}{p_i} + \frac{\tilde{v}_i}{r_i} \leqslant T_i$$

其中的等号只有在发送和回传阶段都没有队列时才存在。那么，

$$\tilde{v}_i = \tilde{T}_i/(\frac{1}{t_i} + \frac{1}{p_i} + \frac{1}{r_i}) \leqslant T_i/(\frac{1}{t_i} + \frac{1}{p_i} + \frac{1}{r_i})$$

当时间限制为 T_i^{lim} 时，用 T_i^{lim} 替换 T_i，则得到：

$$\tilde{v}_i \leqslant T_i^{lim}/(\frac{1}{t_i} + \frac{1}{p_i} + \frac{1}{r_i})$$

因此，

$$v_i^{lim} = \sup(\tilde{v}_i) = T_i^{lim}/(\frac{1}{t_i} + \frac{1}{p_i} + \frac{1}{r_i})$$

证毕。

整个过程是一个两步博弈。第一步时最大化参与者的效用：

$$\max. w_{2i} = b_i v_i + g(v_i)$$

可以通过求导得到极值，即让 $w'_{2i} dv_i = 0$

然后，最大化参与者收益的价格系数就确定了：

$$b_i = \frac{\gamma \zeta_i e^{-\zeta_i(v_i^{lim} - v_i)}}{(1 + e^{-\zeta_i(v_i^{lim} - v_i)})^2}$$

第二步，发起人最大化自己的效用函数。实际中，任务发起者只需要基于对参与者投标的一些观察。

$$\max. \tilde{w}_1 = \xi(f(\mathbb{V}) + \mu) - \sum_{i=1}^{N} b_i v_i - \frac{\xi^2 \sigma^2 \tau}{2}$$

$$s.t.\ b_i = \frac{\gamma \zeta_i e^{-\zeta_i(v_i^{lim} - v_i)}}{(1 + e^{-\zeta_i(v_i^{lim} - v_i)})^2}$$

这个 GM 形式的激励算法的时间复杂度为 $O(G \times K \times N)$，与 AM 最好的情况一致。由于该算法主要依靠公式推导，因此算法描述如图 6.1 所示流程。

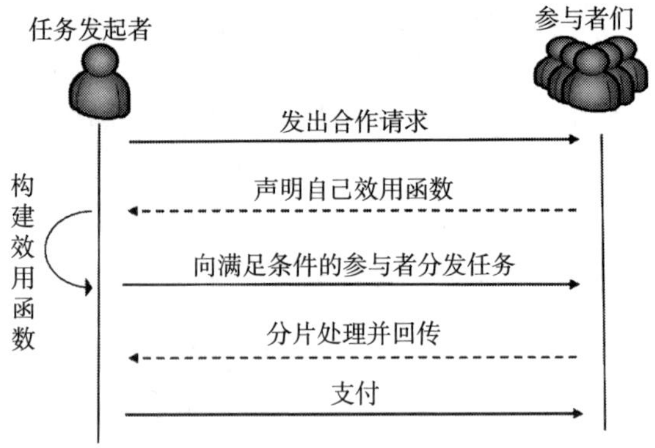

图 6.1　算法流程图

6.3　仿真测试

本节对提出的三种激励模型进行仿真测试，首先，对三种激励措施带来的时延性能进行比较；其次，展示了各种策略的支付和分配结果；再次，博弈论模型被单独分析，因为它的效用函数与另外两个模型不同（不完全基于时延）；最后，由于拍卖模型是唯一存在出价需求的，因此模拟了一个场景进行分析。

6.3.1　时延性能影响

我们首先测试 5、10、20、30 个参与者分别产生的时延影响。计算速度和网速就假设在 200~300Mb/s 之间随机产生 30 组。当需要 N 个参与者时，可以通过综合评估性能择优选取。总数据量为 1Gb，总的货币支付为 5 元。针对 AM，参与者的价格随机在 0~1（元/Gb）生成。为了简化，这里忽略了额外的支付需求，会单独讨论它的影响。GA 算法的后代数和种群数分别为 10000 和 100。GM 的参数如表 6.1 所示。假设任务发起者花费全部额度奖励参与者。

表 6.1 GM 参数设置

T_{lim}	μ	β	τ	σ	$\xi_1 \sim N$	γ
50	10	0.1	2	1	1	10

时延的优化结果如图 6.2 所示。在有 5、10 和 20 个参与者的情况下，GM 在三个算法中显示出时延性能提升的优势，CM 排在次席。而在 30 个参与者的情况下，CM 和 GM 效果几乎一样。当参与者增加到 30 人，任务分片被切得很小，影响了弹性分割的效果，在第四章也有相关讨论。因为 CM 把时延作为唯一优化目标，而 GM 优化了一个组合效用，使得 GM 的优势逐渐消除。

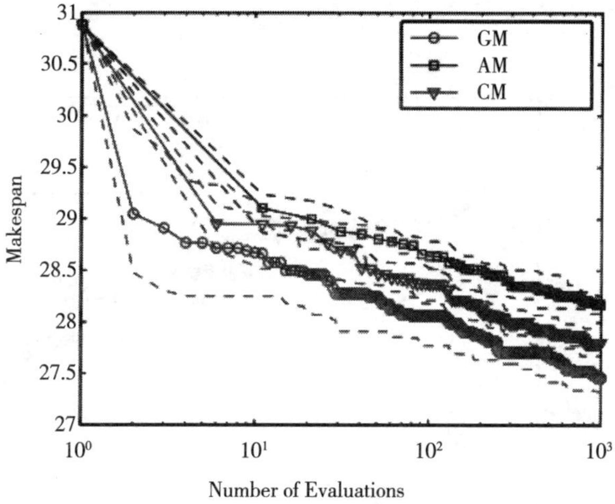

(a) 5节点

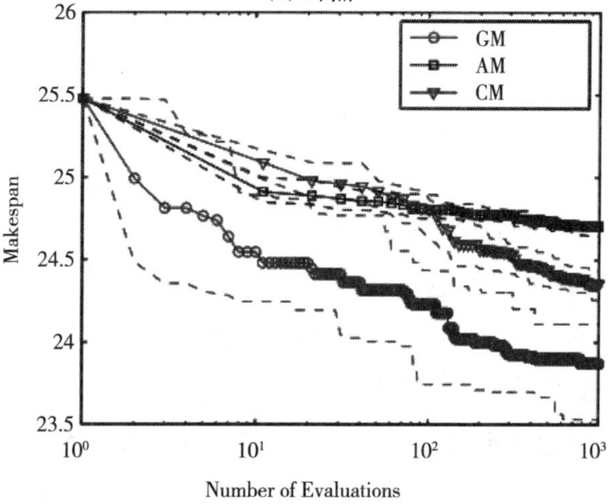

(b) 10节点

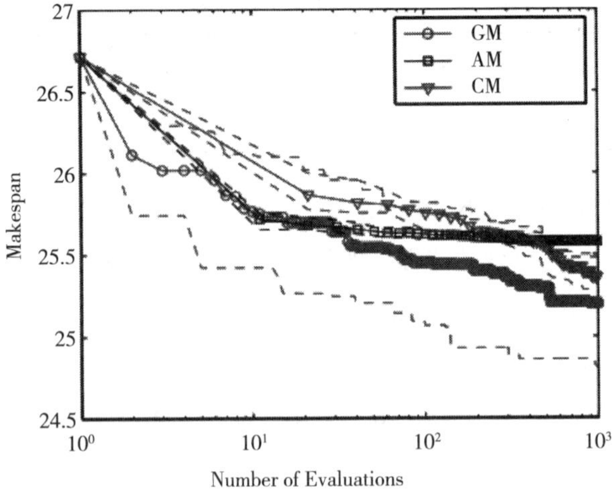

(c) 20节点

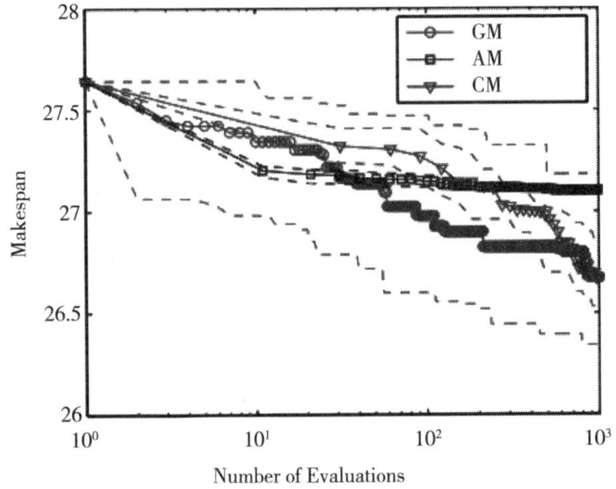

(d) 30节点

图 6.2　三种方法对任务时延的影响

此外，可以看到时延的改进并不一定遵循时延随节点增加而减小的特点。在仿真例子中 10 个参与者提供了最小时延。这是因为，如果选择更小的合作规模，优质的参与者会被挑选出来；相比之下，如果是一个大规模的合作，一些能力弱的成员参与进来会拖累整体性能，成为“木桶理论”中最短的那块木板。同时，让更多的参与者进入，会使计算复杂度增加，导致在给定估计数量时表现不佳。尽管 AM 时延性能表现最差，但是从任务发起者的经济上考虑，AM 的花费要低于总额度上限（另外两个模型使用了全部额度），这也可能是任务发起者的一个理性偏好选择。

6.3.2 支付和分片策略

图 6.3 展示了在前面实验 10 个参与者的情景中，支付和任务分片的策略。从图 6.3（b）中可以看出，三个模型的数据分片并没有太大差距，但是支付方面却有明显的区分，如图 6.3（a）所示。例如，5 号参与者在 AM 中处理了大约 10%的数据，但是由于他的低需求只获得了不到 7%的补偿，这里 AM 的总支付为 3.69 元。而在 CM 中，他的贡献约为 15%，说明他的设备有优秀的性能，但是价格设定不太合理。因此从公平程度考虑，AM 对非理性参与者并不适合。

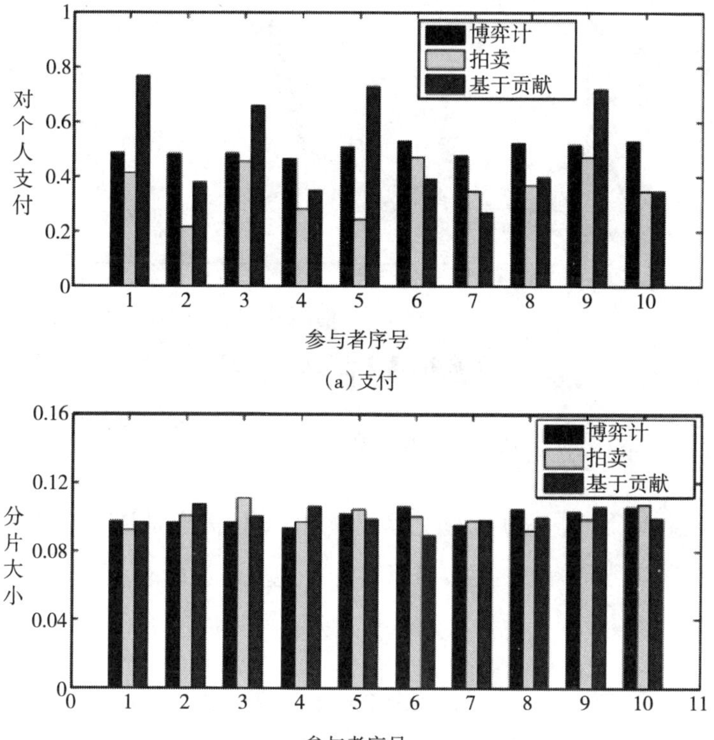

(a) 支付

(b) 任务分布

图 6.3　各人的支付与任务分片

6.3.3 博弈论模型的效用

在 GM 中，时延并不是优化的唯一因素，因为要满足风险规避特性需要建立一个综合效用函数。图 6.4 展示了对 GM 的综合效用函数优化（最大化效用）的结果，估计函数次数为 1000。在估计 100 次之前，优化可以改进所有情况的效用，而之后效用基本上稳定。最后的优化结果比较明确：越多的参与者提供越好的效用，这与只考虑时延的模型不同。

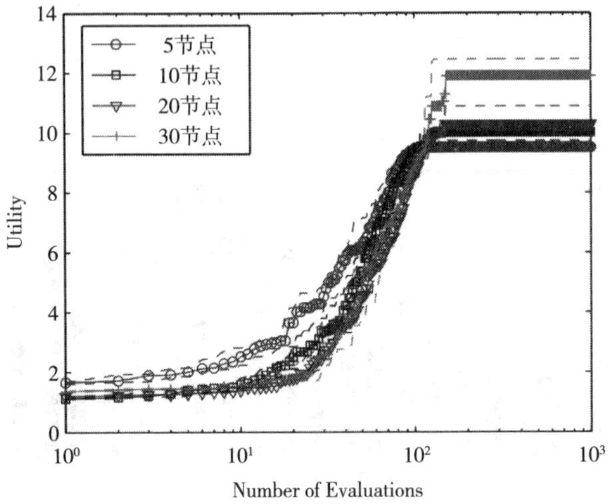

图 6.4 博弈论模型的效用

6.3.4 拍卖模型的支付需求

在之前的实验中，为了简化过程，AM 的支付需求是被忽略的。但是这个限制会直接影响分割策略，需要进行讨论。这里假设所有参与者的定价为 0.5 元/Gb。每个参与者的支付需求如表 6.2 所示。

表 6.2 每个参与者的支付需求

Pa	1	2	3	4	5	6	7	8	9	10
PR	0	0.4	0	0	0.6	0.3	0	1.0	0	1.0

Pa 和 *PR* 为参与者和支付需求的缩写。从图 6.5 中可对比两个情景对时延

的影响。由于对分片大小有所限制，有支付需求的时延性能比无需求的差，符合直觉上的预期。图 6.6 中展示了分片的结果。根据支付需求，5 号、8 号和 10 号参与者达到了数据量的界限。这个强制满足需求的行为是降低时延性能的原因，也意味着需求并不合理；而 2 号和 6 号参与者的分片大小超过了他们的需求，意味着需求是合理的。

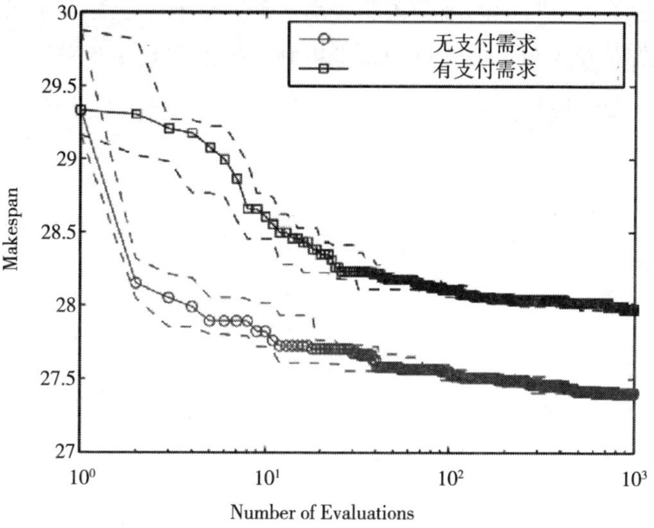

图 6.5　有无支付需求时的最小时延优化

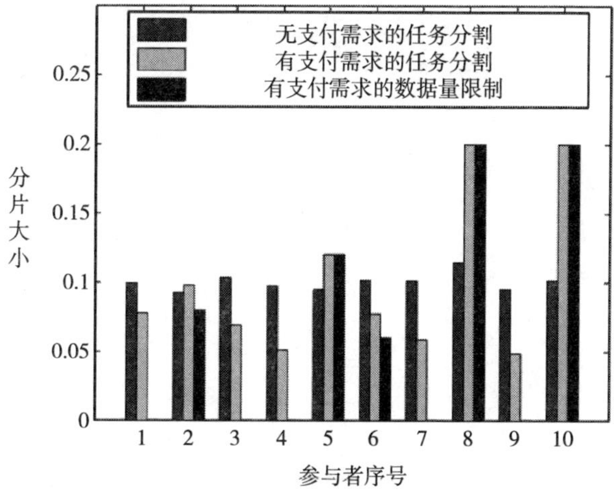

图 6.6　三种需求的各人分片

本章小结

本章将移动协作式边缘计算与移动众包应用相结合，提出在边缘计算中也利用移动众包领域中常用的激励机制提高任务完成效率。综合了第四章中任务分配与资源调度方法和三种常见的激励机制，给出了基于贡献、基于拍卖与基于博弈的三个激励模型。仿真表明了三个模型的优缺点以及任务分配的效果。

7 工业数据治理与边缘计算

无论是工业大数据或小数据，都是工业智能化的源头，数据质量直接影响到后续任务的可用性和可靠性。此外，数据本身作为工业企业的数字资产，提升数据质量也相当于提升数字资产价值，提升企业价值。在此背景下，数据治理受到工业界的广泛关注，边缘计算也将在数据治理领域发挥其优势，推动相关技术的落地。

7.1 工业数据治理

自大数据概念诞生之日起，工业数据就自然而然地被纳入大数据范畴之中。大数据的特点往往被描述为“4V”或“5V”。4V 包含：大量（Volume）、高速（Velocity）、多样（Variety）、低价值密度（Value）；5V 比 4V 多了真实性（Veracity）。如果在 5V 的框架下给工业大数据进行粗略的评价并与同等规模机构产生的医疗大数据、商业大数据、政务大数据进行比较，就能较为清晰地看出工业大数据发展面临的问题。

表 7.1 5V 特征下的各类大数据比较

类型 \ 特点	大量	高速	多样	低价值密度	真实性
工业	高	高	高	低	高

续表

类型 \ 特点	大量	高速	多样	低价值密度	真实性
医疗	较高	中	较高	高	较高
商业	中	中	中	中	中
政务	较高	中	高	高	高

通过表 7.1 可以看出：

（1）医疗大数据数据量较高意味着对于大数据处理的需求量大；高速性适中代表对硬件要求不高；多样性较高代表对数据库、数据处理技术门槛要求较高，技术优势可以转化为市场占有率；价值高和真实性较高表示数据资产可以发挥很高的价值。因此在大数据概念“起飞”的时代，医疗大数据是许多顶尖 IT 服务商主攻的目标，如 IBM、甲骨文等。医疗大数据可以通过与保险公司、医药公司的直接对接，将数据价值迅速兑现。

（2）商业大数据在投入与产出两方面都比较适中，适中的技术需求也为众多企业提供了机会，因此商业大数据的发展非常充分。

（3）政务大数据的重要性不言而喻。如果抛开同等规模机构的限制，政务大数据的数据量将是最为庞大的，只是此类型的数据属于政府管控与公民隐私数据，不能直接兑现价值，发展规模只能依靠政府投入而定。因此政务大数据的发展仍处于“蓝海”，未来仍有较大空间。

（4）工业大数据对所有的投入性需求都是高的，但是除了能获得真实性高的数据外，价值密度确是最低的，典型的“高投入低产出”，理性的“大数据”企业都不会将工业大数据作为发展的重点。但从直觉上或是基本认知上又会认为，工业大数据的重要性是极高的，应当会带来丰厚的回报。这两种完全相反的结论显得有点诡异。

现在，需要进一步了解工业大数据的这些特性是如何产生的。工业数据往往产生于工业生产各个环节中，包括各种自动化设备运行的参数、工艺流程参数、产品检测参数、环境监测参数、经济性参数、物流参数、人员管理参数等。大多数参数会通过 DCS 系统、SCADA 系统、ERP 系统等进行收集。少则几千个参数，多则可达百万级的参数量。而且参数中大部分是实时采集且采集周期可能是秒级甚至毫秒级的。可以想象如果将所有工业数据纳入大数据平台，会是多大的处理量。但在调研多家大型工业企业之后发现，这些巨量的数据，尤其是实时采集的状态数据，基本不会保存并进行后续挖掘。原因有以下几点：①工业企业对工业数据的价值评估并没有想象中的高，并不认为这些数据值得保存；②IT 服务企业通过工业数据量估算出的大数据平台建设成本过高，难以与工业企业达成共识；③数据应用能带来的实际价值难以体现；④存在安全性、隐私性和稳定性的顾虑。这些原因也是工业大数据发展遇到的瓶颈，必须通过系统性的方案克服。

虽然工业数据信息量非常庞大，但表达的意义也十分明确。从技术角度来说，处理方法比较简单，因果关系比较容易表示，解释性比较强且数据异构性低、多模态性低，这都是大数据处理喜欢的特点。但已知数据主要来自生产运行中的实时状态，在绝大多数时间状态相对稳定，数据奇异点少（实调数据中有些数据虽然是实时采集但可能几年都不会产生变化）。这导致工业大数据价值密度非常低，也符合工业企业对工业数据的价值评估。如果所有数据都存入大数据系统，不仅占据了大量存储资源，在后续挖掘利用时，也会造成相当不利的局面：数据越多导致价值越低、挖掘越困难、计算开销越大。每次数据应用都如同大海捞针，长此以往真正的数据价值只会越埋越深，很难再被利用。

因此工业数据虽然按特性完全符合大数据概念，但如果真如大数据一样管理的话很难获得良性、可持续发展。最近，“小数据”概念逐渐兴起。从名字上就知道其与“大数据”的区别，也是通过应用发现了大数据在许多领域存在问题。2021 年美国网络安全和新兴技术局（CSET）发布的研究报告《小数据人工智能的巨大潜力》指明[①]：长期被忽略的小数据（Small Data）人工智能潜力不可估量。实际上，在大数据概念出现之前，大多数数据技术研究都是面向小数据，如学术界早期最常使用的 UCI 数据集，很多都只有几百个数据样本，常见的入门级机器学习方法也都是适用于小数据。本书不会突出“小数

① Husanjot Chahal, Helen Toner, and Ilya Rahkovsky. Small Data's Big AI Potential [R]. Center for Security and Emerging Technology, Sept. 2021.

据”一词，只还原于数据本身。数据“小”可以体现为应用更灵活、数据收集难度更低、“脏数据”[①] 的影响更小。对于工业数据，数据收集并不困难，应着重考虑应用灵活和清洗“脏数据”的问题。应用灵活包括：数据标记等基础工作更少；针对性设定更小的训练模型；调优更容易。这是大数据无论如何都无法比拟的优势。但在“脏数据”清洗的层面上却要比大数据的要求更高。因为通常大数据中的清洗只包括数据处理层面，而要实现高价值数据的提炼还要融合工业知识、专家经验、实际状况等一系列跨领域问题。

工业数据如果以大数据理念进行管理，流程一般是：海量数据收集与传输至数据中心（云）→海量数据存入数据库→海量数据清洗→海量数据应用。前三步一般只需 IT 方参与，第四步需要 IT 方与工业方共同参与。实际上，在最终应用上，IT 方与工业方都会遇到障碍。在海量数据面前工业方很难从机理及经验上逐个解释每个数据的作用，甚至因为格式、排列的变化很难识别出哪些是重要数据；IT 方因为不了解数据意义，难以建立可解释性的模型。如果每一步都有工业方的参与，可能在数据理解层面会有一定提升，但同时沟通成本也是巨大的，面对一张大数据库表，需要的不仅是知识，还有勇气和耐心。而从整体来看，每一步付出的成本都是极高的，通信、存储、计算都是实打实的投入。

因此笔者认为，工业数据按照大数据方式管理并不合适，需要变“大”为“小”、化繁为简。实现这个目标首先需要改变数据治理流程，尤其在第一步就要以工业方为主，详细梳理工业数据的意义和重要性，明确相互之间的因果关系与安全性限制等，并且需要直接与应用联系起来，确定何种数据是对建模有效的。此步骤可以过滤掉绝大多数的低价数据，也是工业数据治理极为重要的一环。为了达到这一目的，通常需要做到以下几点：

（1）理解数据功能，即数据的数值反映了什么样的工业运行或设备状态。通常工业信息系统采集的数据可大致分为结果数据和过程数据，而两类数据都存在直接关联或间接关联的更细粒度的分类。例如，火力发电的尾部气体检测

① Hernández, M. A., Stolfo, S. J. Real - world Data is Dirty: Data Cleansing and The Merge/Purge Problem [J]. Data Mining and Knowledge Discovery 2, 9-37 (1998).

中飞灰含量高可以直接反映锅炉运行效率不佳；而设备运行电流偏高并不直接反映生产效率，但会间接说明设备可能处于不佳状态并导致生产效率下降。这两种数据在意义上可能存在不同等的价值。在实际应用时，也可以把电流作为输入数据用于建模，但对于结果没有太大影响。在文章①中，分别用 16 组和 23 组工业参数进行建模并比较，工业参数多的一组并没有特别显著的提高。因此是否值得付出更多的数据处理与保存的代价以获取轻微的提升，还需要进行更深层的权衡。

（2）理解数据时效性，即数据在时域中的意义。数据意义是否会随着时间产生变化（通常这种变化会减弱数据价值，而极少会提升数据价值）。一些文献称之为数据生命周期②。工业数据在时域上发生的变化是非常普遍的，因为工业数据与工业实体紧密结合，这些实体如工业设备本身就存在生命周期，反映在数据层面也将是一个时域上动态的过程。如果用原始状态数据建模来预测设备老化后产生的数据很可能出现偏差，这也是许多工业巨头采用全生命周期数字孪生技术来建模的意义。当然这种方式存在极高的成本和技术门槛。首先，不是所有的数据采集系统都有时间属性标签或者有严格的实时性保证；其次，时序类数据需要时序/实时数据库的支撑，这也将是一个很高的成本投入。因此充分理解数据时效性以及其投入产出比也是非常必要的。

（3）理解数据的特征，即数据的呈现方式。有的数据通过偶发奇异点表现其意义，尤其是监控类的数据。当数据出现奇异时，将被认为是有效的。有的数据通过范围内变化表现其意义，如果出现异常数据，将更可能被认为是采集故障导致的。因此，在进行数据清洗时，不是所有数据都可以进行去杂、填充等操作，而是必须有针对性地采取不同方式进行，这大大提高了工业数据清洗的难度。

---

① Chunlin Wang，Yang Liu，etc.. Applied Gaussian Process in Optimizing Unburned Carbon Content in Fly Ash for Boiler Combustion ［J］. Mathematical Problems in Engineering，Hindawi，Vol. 2017（6138930）：1-8.

② Wing，J. M.. The Data Life Cycle ［R］. Harvard Data Science Review，1（1），2019；D. C. Nguyen et al.. Enabling AI in Future Wireless Networks：A Data Life Cycle Perspective ［J］. IEEE Communications Surveys & Tutorials，2021，23（1）：553-595.

当工业方深入参与数据理解后，数据治理将被分解成数据标准管理、数据质量管理和数据安全管理。数据标准管理是数据采集、传输、存储、应用的基本框架，也是充分理解工业数据意义后，明确数据类型、格式、范围等属性。例如，不同设备反馈的同类型运行参数采集的频率、精度、单位将在此环节进行统一。数据质量管理主要包括数据质量的评估和数据清洗，数据价值将在此环节得到提升。数据安全管理涉及数据存储、隐私保护、容灾容错、分级使用、网络渗透防御等。

7.2 边缘计算在工业数据治理中的作用

在本章前面讨论的问题中，工业数据治理面临的主要问题可以归纳为成本与效用的博弈。实际上，工业数据所产生的效用很难整体衡量或者说只能通过单一应用进行收益量化，如通过人工智能技术实现节能效用、减少碳排放效用等，而数据治理的成本需要较为保守的计算。具体来说，假如目前能够实现的数据应用只有单一流程中的数据建模预测并实现优化，从而获得数据可见的节能效果，如 100 万元/年，那么数据治理成本就不应该超过 100 万元/年。也许未来可以有其他应用来挖掘更多的收益，但这种不确定性会带来成本压力，让整个数据治理项目难以推进。因此在数据治理系统建设层面，要充分考虑基础需求和有限的潜在需求，预先设定收益投入比。整体数据治理在投入上包括：数据软件平台、数据硬件平台、定制性软件开发、网络支持、日常维护、安全维护等，无论是固定投入成本或者人员投入成本都很容易让项目一亏到底。通过市场调研（政府采购网数据），规模等同于大型工业企业的政务数据单次治理项目费用为 30 万元到 100 万元。这个费用不包括数据平台建设费用，该费用跨度可以从几十万元到上亿元，本章就不讨论了。许多工业企业在没有建成工业数据平台（财务数据、人力资源数据、办公数据系统不在此列）的前提下，如果要实现工业数据的智能化利用，降低成本是需要优先考虑的事情。边缘计算的一大优势就是部署灵活、成本低，在边缘计算中实现数据治理是既合理又敏捷的工作。本章提出一种潜在方案，可以将成本进行压缩，并能轻松实现数据治理目标。

（1）边缘侧硬件采用低端计算设备，只要满足上一节中粒计算执行即可。本身边缘计算不需要过多的应用组件，也不需要长期存储数据，因此内存、CPU、存储上都可以节约成本。

（2）软件上不需要在边缘侧建设数据库，所有数据都以原始数据传递，当数据清洗完成后传输至数据存储服务器。数据存储服务器也可以不建设数据库，因为根据之前的分析，工业数据大多为时域数据，如果通过数据库存取，则需要花费较高代价建设实时数据库，而在实际数据应用时，也很少进行查询、增删等操作。较为节省成本的方式，是以固定格式、特定分类和时间标签存储数据文件，应用时可以批量调取所需数据。

（3）边缘侧分布式部署，可以分解网络压力，因此在网络上也不用很高的带宽，利用 TCP Socket 传输治理后的数据，可以降低网络设备的性能需求和一定的开发成本。

（4）数据存储方面依然要考虑到安全性，这一点并不能放松，但由于数据采取非数据库存储，因此可以通过硬盘加密的方式，低成本地获取较高安全性。

本章小结

本章主要讨论了工业大数据治理面临的问题，提出了一种利用粒计算对数据属性进行约减，从而大规模提升数据价值密度的数据治理方法，也讨论了边缘计算在数据治理过程中的作用与基本方案。

8 边缘计算在工业控制优化中的应用

大多数工业控制系统是通过设定输入参数获得相应的运行状态的，而这些输入的参数，有一些是通过不断调试获得的，有一些是通过工程师的经验获得的，还有一些是通过理论计算获得的。但想让这些参数都达到理想的运行值是一项非常困难的工作，原因至少有以下几点：（1）参数设定受主观因素影响，包括工程师的经验以及直觉判断，这类主观因素有可能存在误差，甚至错误；（2）一些理论计算与实际状况可能偏差较大；（3）许多输入参数存在相互耦合的情况，且相互影响的机理比较复杂，很难进行单独解释；（4）对运行效果的判断可能不够及时，调整参数也可能不够及时。因此智能的工控系统可以自适应地调整输入参数，根据运行的实际状态不断优化，从而得到理想的输出结果。比如，在造纸行业，需要通过控制各级蒸汽阀门的开合程度，得到不同含水量的纸张，而通过优化蒸汽的使用可以大大降低造纸成本；再如，水泥行业，需要控制研磨机的电流和速率，获得不同粒度的煤粉，根据需求优化研磨机的能耗，从而实现节能减排。本章介绍的应用就是基于机器学习算法对锅炉燃烧的输出——飞灰含碳排放进行数据建模，再利用进化计算框架对输入（控制）参数进行优化的工作。实际案例已在某火力发电企业中稳定运行。

8.1 利用边缘计算实现优化控制

随着全球气候变化问题越发突出，生态环境的破坏直接威胁到人们的生存和生活，为此世界各国也在积极寻求有效的措施来应对气候变化现状。2015年12月12日，在第21届联合国气候变化大会（巴黎气候大会）上通过了《巴黎协定》。该协定为将全球平均升高的温度控制在最小的范围内而提出减少二氧化碳排放的目标。协定是由全世界178个缔约方共同签署，于2016年11月4日起正式实施。中国作为签约国，将会进一步降低温室气体排放量，对加速低碳发展提出了更高和更紧迫的要求。2020年，国家主席习近平在第七十五届联合国大会一般性辩论等多个场合宣布与重申，“中国将提高国家自主贡献力度，采取更加有力的政策和措施，二氧化碳排放力争于2030年前达到峰值，努力争取2060年前实现碳中和”。并进一步提出了到2030年，中国单位国内生产总值二氧化碳排放将比2005年下降65%以上的目标。中央经济工作会议也将“做好碳达峰、碳中和工作”列为2021年重点工作之一。[①] 2020年，我国火电二氧化碳排放强度约为841克/千瓦时，火电二氧化碳排放量约为44.4亿吨。为此，2022年8月1日，国务院国资委实施了《中央企业能源节约与生态环境保护监督管理办法》，随着国家对环保和节能的宏观调控力度的加大，电力体制的改革，电力市场化和竞价上网等一系列政策陆续出台。对于每一个发电企业，机遇与挑战并存。提高设备运行安全性和使用寿命、提高锅炉燃烧热效率、降低发电煤耗、降低烟气污染物的生成与排放成为降低发电成本的重要因素，也是提升企业核心竞争力，确保企业在新的竞争环境中生存、发展的关键所在。

国内外在利用智能化技术实现锅炉燃烧节能减排方面已经做了大量卓有成效的工作。众多的理论及实验研究表明，不同的锅炉燃烧参数（负荷、配风、给煤、煤质、氧量等）的配置决定了燃烧状态的不同，即使在相同的负荷与煤质条件下，不同的配风、给煤及炉膛氧量等参数所决定的不同燃烧状态，其燃烧效率和污染物排放量也会有很大差别。一般情况下，锅炉燃烧效率与污染物排放量随不同参数变化的规律不同。因此找到一个合适的运行点，可以使污染物排放量符合环保要求。普遍的研究表明：在优化的燃烧状态下运行比一般

① 新华社．强化应对气候变化行动——中国国家自主贡献［EB/OL］.（2015-06-30）. http：//www.gov.cn/xinwen/2015-06/30/content_2887330.htm.

传统人工经验运行可以提高锅炉燃烧效率，降低 NO*x* 排放，同时可减少微小颗粒（PM_{10}、$PM_{2.5}$）的产生。

为了达到上述目的，可以在锅炉燃烧控制系统旁搭建边缘计算节点，在系统运行时通过 modbus 协议读取锅炉 DCS 运行工况数据，主要是配风参数、给粉参数、负荷及氧量参数等。再利用优化算法结合机器学习建立锅炉燃烧特性模型，在所有操作参数可行范围内，对不同的参数组合（配风、给粉、氧量等）进行寻优，给出当前负荷及煤质条件下的最优运行参数配置，实现锅炉燃烧的自适应优化控制。同时利用各种传感器的辅助，补充了 DCS 数据的不足，提供了环境、设备等监控，为优化目标提供多模态的数据参考。如图 8.1 所示，一般为了更为稳妥的安全运行，边缘网关不直接与 DCS 通信，而是与 DCS 的工控机通信，优化结果可以进行人工审核。相当于在中间设置一道安全闸门，避免在计算出现异常的情况下，影响锅炉的稳态运行。

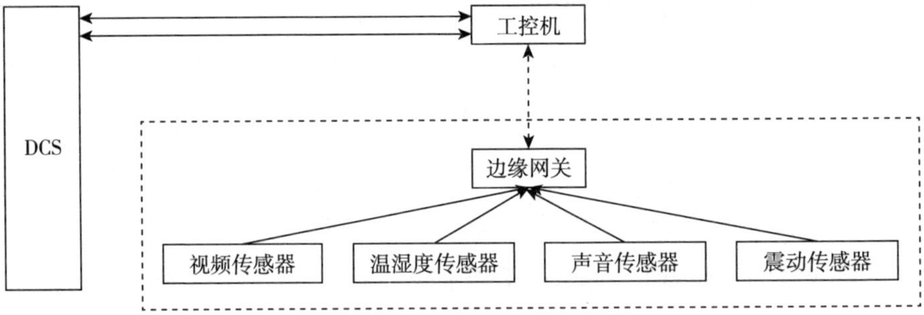

图 8.1　优化控制系统框架

实际上训练数据采集较为困难。因为作为训练数据，需要在稳定工况下进行采集。但由于负荷和煤质经常变动，实际有效数据在筛选后并不多。本节展示的例子所采集的数据历时三个月，每个工况经过筛选只有不到 1000 组数据。每组数据用于建模的包含 26 个参数，其中可以进行优化控制的 11 个。

在运用机器学习方法训练数据模型部分，可以利用 SVM、神经网络、高斯过程等方法实现，这几种方法对训练数据量要求不高，调整参数的难度也不大。虽然从理论上，面向建立锅炉燃烧这种包含复杂物理、化学机制等实体意义的模型，利用 SVM、神经网络、高斯过程等方法容易存在过拟合的情况。

但由于是“小数据”建模，深度学习这类方法的优势也无法体现。在论文①中有利用 SVM 与高斯过程方法预测性能的体现，综合比较下高斯过程有略微的优势。高斯过程是基于统计学习理论和贝叶斯理论发展起来的一种机器学习方法，适于处理高维度、小样本和非线性等复杂回归问题，且泛化能力强，与神经网络、支持向量机相比，高斯过程具有容易实现、超参数自适应获取、非参数推断灵活以及输出具有概率意义等优点。

在利用高斯过程进行预测时，关键需要选择一个合适的核函数。而如何选择核函数并没有一个明确的理论解释，需要不断试验。在实际建模中，采用了有理二次协方差函数（Rational Quadratic Covariance Function）作为核函数。此外，高斯过程的超参数也进行了优化，使得训练模型更加准确。由于数据建模主要使用历史运行数据，因此这一部分属于离线计算，可以不用过分考虑计算时间复杂度，而应更注重预测的准确性。例如，利用历史数据建模后进行了飞灰含碳量预测，平均误差 0.3%，最大误差 5%，如图 8.2 所示。

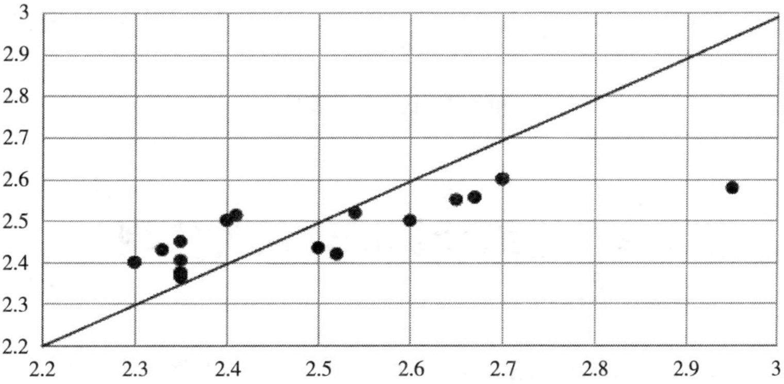

图 8.2 飞灰含碳量模型预测

优化参数的过程使用进化计算框架，包括遗传算法、粒子群算法、退火算法等。在实际工作中，采用了遗传算法。遗传算法是模拟达尔文生物进化论的

① Chunlin Wang, Yang Liu, Song Zheng, Aipeng Jiang. Optimizing combustion of coal fired boilers for reducing NOxemission using Gaussian Process [J]. Energy, 2018, 153: 149-158; Chunlin Wang, Yang Liu, Richard M. Everson, A. A. M. Rahat, Song Zheng. Applied Gaussian Process in Optimizing Unburned Carbon Content in Fly Ash for Boiler Combustion [J]. Mathematical Problems in Engineering, 2017: 1-8.

自然选择和遗传学机理的生物进化过程的计算模型，是一种通过模拟自然进化过程搜索最优解的方法。该算法通过数学的方式，利用计算机仿真运算，将问题的求解过程转换成类似生物进化中的染色体基因的交叉、变异等过程。将减低排放（飞灰含碳）作为目标函数，可控参数作为寻优目标。在寻优空间设置时，必须考虑反馈到实体控制器的安全、稳定，还有一些范围设置是根据专家经验确定的。同时，由于是在线优化系统，优化算法的时间复杂度尽可能小，因此需要合理设置框架参数来确保计算时延与优化效果达到均衡。

整体计算框架与算法流程如图 8.3 所示。

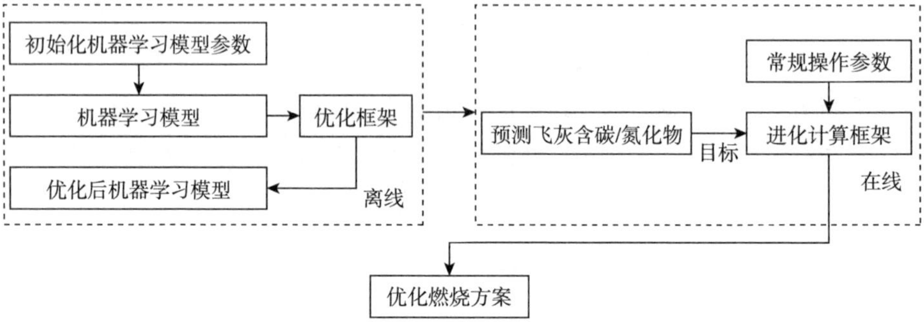

图 8.3　优化算法框架

8.2　边缘计算的软硬件实现

边缘网关的硬件部分采用了 PYNQ-Z2 开发板，如图 8.4 所示。PYNQ 项目是一个支持 Xilinx Zynq 器件的开源软件框架，目的在于借助 Python 降低 Zynq 嵌入式系统开发门槛，有丰富的组件：可编程逻辑的控制、Jupyter Notebook 接口、预安装的 Python 库、网络/USB/UART 接口。软件部分使用 Python 编程语言，并调用了 Geatpy 库（Geatpy 是一个高性能实用型的 Python 遗传算法工具箱，提供一个面向对象的进化算法框架）和 PyGPs 库（PyGPs 库是一个包括高斯过程回归和分类的 Python 库）。

图 8.4　基于 PYNQ-Z2 开发板的边缘计算设备

数据建模阶段通过 PyGPs 库中的高斯过程实现。如果建模阶段为离线，可以将建好的模型保存在 PYNQ 中，优化阶段直接调用即可。优化阶段有部分参数需要提前设置（设置 Geatpy 参数），（1）初始化 Dim（决策变量维数）：与 DCS 可控的参数相关；（2）种群规模 NIND：大小与运算速度、精度相关，越大速度越慢、精度可能越高；（3）最大进化代数 MAXGEN：大小与运算速度、精度相关，越大速度越慢、精度可能越高。

通过理论优化将该锅炉的飞灰含碳量由 2.7%降至 1.7%，如图 8.5 所示。并且在现场测试中，也达到了良好的效果。一般离线优化仅能达到理论效果的 20%，但通过边缘计算实现实时在线优化，实际效果达到理论效果的 50%（包含由对飞灰含碳采样化验结果误差导致的偏差）。

在传感器辅助部分采用了炉膛火焰监控。通常有工程师通过监控视频观测火焰状况获得燃烧状态的评判。但由于是人工参与，不能够全天候实时给出判断；且主观因素过多，不同的工程师判断也会不一致。如果利用视频技术挖掘火焰图像表征信息，可以形成以下功能：（1）触发优化算法：根据火焰颜色形成的多层、多 RGB 通道分布特征判断燃烧是否充分，如果燃烧不充分则触发优化算法，重新配置给氧、给风等参数；（2）预警设备故障：如果多测优

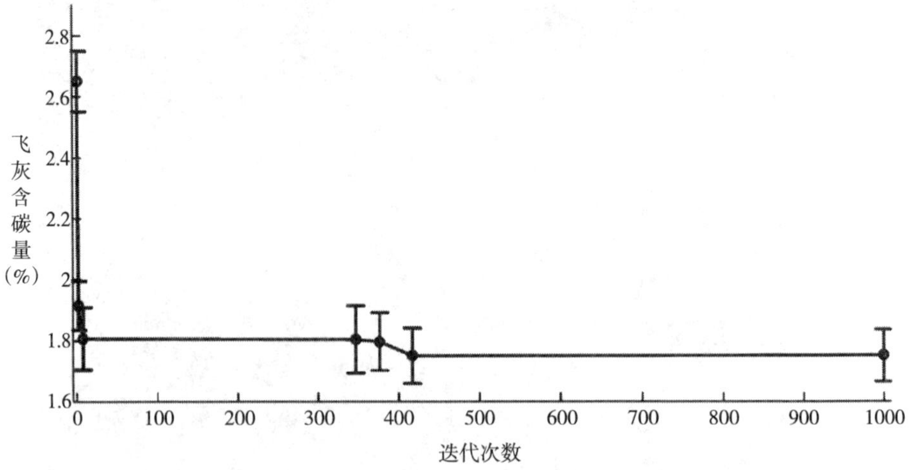

图 8.5　优化后的飞灰含碳量

化后依然出现火焰偏离中心情况，可能是炉膛结焦等问题导致，会使得冷却壁效率下降、使用寿命缩短，需给出设备维护预警。

8.3　利用边缘计算提高实时性和隐私性

由于在燃烧参数优化部分采用了在线计算模式，对于运算的实时性有一定要求。上一节中利用进化计算（实际中使用了遗传算法）实现优化属于计算复杂度较高的方法，尤其是遗传算法的种群大小设置影响计算的时间复杂度。特别是针对采用处理能力有限的嵌入式框架的边缘计算架构，很大程度上影响实时性。分布式的遗传算法或者称作并行遗传算法早在 20 世纪 80 年代末就开展了研究，相关方法也比较成熟。[①] 只是在边缘计算环境中没有考虑异构计算资源的种群弹性分配问题；有一些并行算法需要各节点之间交换（子代）信息，可能会增加复杂环境下的通信开销，如 Hadoop 和 Spark 的计算模式。借鉴第四章的思想，可以利用多边缘计算节点的分布式能力，在多个边缘计算处

① Tomohiro Harada and Enrique Alba. 2020. Parallel Genetic Algorithms: A Useful Survey [J]. ACM Computing Surveys, 2020, 53 (4): 1-39.

理单元按照性能弹性部署小种群遗传算法，实现节点独立的并行处理，再从所有反馈的优化结果中选择最优的，实现接近大种群遗传算法可获得全局最优结果。如图 8.6 所示，遗传算法可以通过这种模式进行计算卸载以提高实时性。

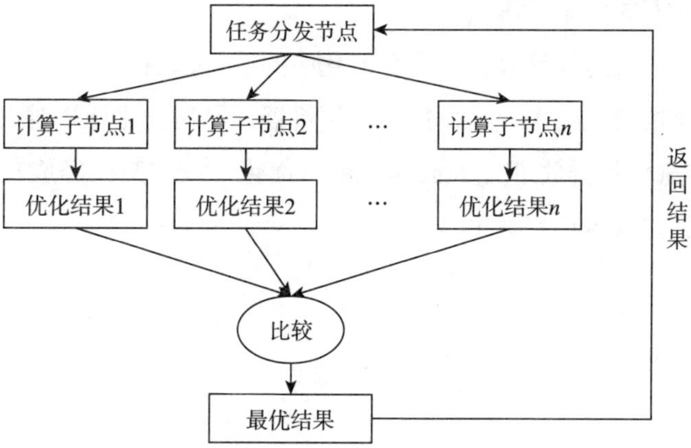

图 8.6　分布式的优化算法

上面讨论了利用边缘计算的任务分割对复杂优化算法进行并行处理以提高实时性，这种模式还可以应用于隐私性保护。在工业数据应用计算任务中，尤其是云上应用中，数据本身的归属往往不唯一，且存在隐私性冲突，一定程度上制约了应用实施。因此利用边缘计算将数据留在本地，通过中心或任务发起节点分发模型或算法到边缘，最后只将计算结果返回这种数据不动模型的方式，可以解决数据隐私性的问题。联邦学习①（Federated Learning）是这种模式下最受关注的研究热点之一。它于 2016 年由谷歌最先提出，旨在解决手机移动终端在本地更新模型的问题。与分布式优化结构类似，最终计算结果是多方计算结果汇总后生成的，在结果精度方面一定与完整数据学习方式有差距，但其商业价值不可低估。作为一种 AI 的底层技术，它可以对同行业企业间以及跨行业企业间的大数据计算生态产生积极影响，催生许多新型联合模式和业态，同时也有利于大数据的良性循环。

---

① P. Kairouz, H. B. McMahan, B. Avent, et al. Advanced and open problems in federated learning [J]. Foundations and Trends in Machine Learning, 2021, 14 (1-2): 1-210.

本章小结

本章主要针对边缘计算在工业智能化中的工业控制优化场景进行了相应的研究。在工业控制优化中，本章提出利用机器学习与进化计算对火力发电锅炉的飞灰含碳/氮化物排放进行了数据建模与优化，该方案已经成功地在火力发电企业中部署并取得良好效果。

9 边缘计算在工业智能化中的安全性分析

在各行各业都在不断深耕电气化、自动化、信息化的今天，始终有一种声音：电气安全性不如机械，软件安全性不如硬件，这种声音也在很多方面关系到技术路线的选择。例如，空客与波音在飞控方案上，前者基本全面采用电传飞控，而后者始终保留着机械操控；纯电汽车巨头特斯拉在驾驶辅助上只采用机器视觉技术与软件解决方案，而汽车安全“鼻祖”沃尔沃则采用机器视觉搭配激光雷达与毫米波传感器等。同样，在传统工业领域也存在这样的问题。虽然用软件—硬件—机械的控制方式会让生产变得简单，但在此过程中引发错误也会变得轻而易举，并且错误的传导会随着路径被逐级放大。越是重要的工业企业，越会对智能化的技术风险产生担忧。因此如何保证智能化在工业领域中的安全应用，可以说关系到工业智能化的进度与前景。在第二章，对边缘计算在工业智能化中的安全性进行了简要分析。在本章，进一步讨论相关安全问题与解决思路。

9.1 边缘计算在工业智能化中的安全问题

这里详细梳理边缘计算在工业智能化中所涉及的安全问题。这些问题不仅包括传统的工业控制固有的安全风险，也包括引入新兴技术后衍生出的安全问题。

9.1.1 工控系统安全

工控系统作为工业自动化的核心，是工业企业最重视安全的部分。工控系统安全主要涉及两个方面：

（1）工控系统的安全可控

尽管国产工控系统已经被大量应用在各种工业领域中，但依然有相当多的进口工控系统在服役，尤其是早期（大概2000年以前）就应用在传统、重要领域中，如电力、钢铁、水泥、造纸等。进口工控系统存在价格昂贵，特别是维护、服务费用高的问题，导致这些系统几年甚至十几年都没有进行大的升级，许多历史积累的安全漏洞没有进行修复。同时也因为进口系统的保密与封闭，限制了应用企业自行维护。此外，由于进口系统的保密与封闭，系统如果存在未知后门也很难被发现，使得涉及民生、安全等核心领域的工业企业存在被境外势力攻击的可能性。所以说，由于进口工控系统的安全不可控，需要替换为国产工控系统。但目前许多国产工控系统也没有实现100%国产化，包括一些核心部件依然靠进口，如西门子的PLC等。① 因此也不能说只要是国产工控系统就是完全安全可控的。此外，国产化也有利于智能化改造的实施。根据笔者在工业智能化项目中的实际感受，由于进口工控系统的限制，不仅兼容性差，特殊的技术要求与配件都使得成本大幅增加；而且不易维护，许多失灵的模块很难被发现，导致经常通信失败且找不到原因，拖慢项目进度。但由于替换国产工控系统是一项复杂工程，停工停产、磨合期长、资金投入巨大、个别工控技术不达标等都是阻碍替换进程的因素。笔者在调研某企业时了解到，从替换工控系统提上计划已经过去三年了，依然没有实施。

（2）工控系统的威胁趋势

目前相关数据表明，针对工控系统的安全攻击越来越多，一方面是工控系统本身存在漏洞，另一方面是因为工控系统造成的影响更大，攻击的效果更直

---

① 智研咨询. 2020年中国工业控制系统行业市场分析：外企在中国工业控制系统市场中占据主导地位，国产替代空间较大［R］. 2021-09-17.

接。2010 年，伊朗“震网”（Stuxnet）事件，就是通过攻击西门子 PCS7 控制系统，破坏了大量铀浓缩离心机和布什尔核电站发电机组，导致伊朗核计划至少被延迟 2 年。[①] 虽然在网络渗透和恶意代码传播阶段利用了传统 PC 端的 RPC 远程执行漏洞（MS08-067）、快捷方式文件解析漏洞（MS10-046）、打印机后台程序服务漏洞（MS10-061）、内核模式驱动程序漏洞（MS10-073）、任务计划程序漏洞（MS10-092）等软件与操作系统的漏洞，但核心攻击代码是利用了西门子 PCS7 控制系统的“合法”协议和指令，结合伊朗铀浓缩离心机和核电站的运行参数，使 PLC 控制器向离心机发送恶意操控指令使得设备持续超负荷运行，直至损坏，同时向监控端发送“正常”的生产工况数据，误导操作人员。[②] 由此可见，对于工业控制领域的攻击不仅包括虚拟软环境的操控，更存在针对物理世界的操控方式，隐蔽性更强。此外，在早期易受攻击的领域，如金融、商业等，加大了安全方面的投入并不断完善安全机制，“逼迫”网络攻击的目标向着更脆弱的领域转移。相对于金融领域、互联网领域企业高薪“养着”网络安全团队以应对各种威胁，工业领域在这方面显然是不足的。

9.1.2 工控系统与扩展模块的兼容性

工业控制系统经过半个世纪的发展，从中心控制到分布式控制，再到现场总线以及这些年火热的工业互联网，技术的革新逐渐加速。同时也要注意到，目前绝大多数的工业企业不断地将时间、财力、人力及物力投入以工业控制为核心的系统上时，再向新技术转型的成本已经非常高了。能稳定、顺利运行一整套自动化系统，不断积累经验、调优，并不是一个容易的过程。因此革新式地引入新体系、新架构、新平台，从企业管理层到工程师的意见都显得较为保守。但随着新的智能化需求的提出，系统中又不得不增加相应的功能。这时，企业往往会选择通过不断扩展模块的方式来实现这种增量。这些扩展的模块并

---

① 还约辉，王迎，薛金良，等. 团队解读等保 2.0 下的工控系统安全［R］. 工业安全产业联盟，2019-07-15.

② 还约辉，王迎，薛金良，等. 团队解读等保 2.0 下的工控系统安全［R］. 工业安全产业联盟，2019-07-15.

不一定是与原系统共生的，需要扩展模块要有一定的兼容性。比如，与现有SCADA数据格式兼容，与modbus通信协议兼容，以及通过增加网关或DTU进行相关协议与格式的转换。但在实际中，兼容性并不容易实现。其中一点是系统可能存在封闭性和特殊性，封闭性可能需要一些破解手段，其中可能会影响到系统的稳定性和安全性，而特殊性体现在使用同样的协议，用普通的接口、线缆就会出问题，如果获取不到专用配件，那么系统就会出现稳定性和安全性问题。还有一点是兼容性很难从整体上设计，使得引入系统安全风险的概率不断叠加。尤其当扩展模块越来越多时，就会出现端口、进程、功能码、协议、线路、中间件等更多层面的兼容性问题，影响系统的稳定性和安全性。常见的问题包括：开放更多的端口、调用更多的进程、更多的线路复用、更多的数据格式转换、更多的读写操作，而每一项都增加了系统安全风险。

9.1.3 云边结合的风险

当前关于边缘计算的研究，大多数都把云边结合作为主要框架。越大的平台型企业越喜欢中心式的控制，就算引入了边缘计算，最终的控制权依然是在云中心。之前也讨论过，工业应用非常注重系统的安全性和实时性，边缘计算就是瞄准这两个关键点应运而生的。但如果又把云计算引入进来，安全性和实时性如何保障依然是一个难题。针对工业控制上云，前面章节也进行了一定的讨论，这里依然认为：工业控制的时延敏感性在公网中很难保障（任何攻击远程端口、线路、协议的行为都会导致时延产生）。采用专线、专云和TSN（时延敏感网络，目前尚在试验阶段）可能解决一部分问题，但成本一定会非常高。因此工业控制上云并不是合理的选择。

当然，为了不放弃云计算，云边解耦就成为一个讨论热点，即将计算功能精确地划分，一部分严格控制在边缘，一部分上云。比如，当前许多企业已经把管理功能模块（非控制）上云，这些模块功能对实时性要求不高，云端和边缘端的区别不大。而且与管理相关的数据存储、查询、处理等在中心式的云端更便于实施。在安全性方面，主要通过建立加密传输，如VPN通道、认证访问等机制增强安全性。而单从“上云”的部分考虑，安全威胁会一直存在，尤其是APT攻击，相比国内互联网、金融类企业拥有较为完备的网络安全团队和体系，许多工业企业并不具备，这也是一些“上云”的工业企业在等保 2.0 评测时遇到困难的主要原因之一。更为重要的是，上云部分与不上云部分在控制方面必须严格切割，而数据流动方面又要保持通畅，这对云边解耦要求就非常高了。因此云边结合或者云边解耦，都是需要认真研究的课题。

9.1.4 内网隔离能否高枕无忧

通过作者调研发现，随着国家等保评测的实施和网络空间安全国家战略的推动，工业企业的相关人员对于现有工业控制系统存在安全隐患是有明确认识的。在运维、管理的条例里都明确规定内部网络、主机不允许连接公网，必须实现内网的隔离。那么实现了内网隔离是否就可以高枕无忧了呢？答案显然是否定的。关于内网隔离在信息系统等级保护中早有相关要求，如政府机关都强制内部重要业务要进行内网隔离。内网隔离尤其是直接的物理隔离在理论上也确实是最安全的防护手段。但是 2017 年一款勒索病毒 Wannacry 在网络上肆虐，我国一些政府机关和企业的内网也中了招，一定程度上说明内网隔离也不能放松警惕。新华网也发表了一篇题为《隔离内网不能高枕无忧——勒索病毒传播带来的安全警示》的文章。[①] 从技术上分析，内网隔离可以杜绝来自外网的直接攻击，但是一些间接攻击依然可以实施，比如：（1）利用早已隐藏好病毒的设备。在建成内网环境之前，内网的计算机也需要安装大量的办公、工具软件，而这些软件多数还是通过外网下载的，这时带入电脑的病毒或后门也会进入内网环境。还有，打印机等办公硬件设备也是可以隐藏病毒的载体。（2）优盘这类移动存储设备也存在隐患。由于内外网的隔离，从外网带入内网的数据是一个问题，一般的解决方法是优盘，而优盘本身又可以是带入病毒的载体。目前，除了军方等敏感机构强制使用特殊认证的加密优盘，一般的政府机关、企事业单位很少采用此类加密优盘。一是人员和业务较多，便捷性不如普通优盘；二是相关的管理工作不到位。（3）手机也可以作为一种存储工具被经常使用。与优盘不同的是，手机同时还通过移动网络与外网相连，当手

---

① 何欣荣，高少华．隔离内网不能高枕无忧——勒索病毒传播带来的安全警示［EB/OL］.（2017-05-16）. https：//www. nbd. com. cn/articles/2017-05-17/1106672. html.

机接入内网计算机（数据存取或者充电），外网便可以通过手机对内网直接发动攻击。这几点或多或少与管理相关，也就是人的行为对隔离的内网安全依然会产生影响。

9.1.5 边缘计算自身的安全风险

边缘计算是否会给整个系统带来安全风险呢？这个答案也是肯定的。安全风险可以从两个方面说明：（1）边缘计算对核心的系统产生哪些影响？以上一章讨论的利用边缘计算进行控制参数优化为例，边缘计算把优化结果先传递给了 DCS 的工控机，工控机（或者操作工控机的工程师）再进行相应的判断和选择是否赋值给 DCS。这个方案就是考虑到如果直接赋值给 DCS 产生了逻辑上的错误或者读写的错误，会直接影响工业生产。虽然先传给工控机再给 DCS 发指令也会存在错误的可能，但是毕竟错误发生在系统“内部”，而不是“外部”。这里涉及安全责任的问题，控制本身就会存在风险，边缘计算的角色需要认真思考。（2）边缘计算作为控制系统的辅助模块，可能面向不同的核心系统，也会有不同的功能和角色，从物理、软件、通信、逻辑等层面都存在异构的问题，在安全模型的设计上就很难统一，如有的边缘端需要多个端口，而有的只需要一两个，那么在设计安全模型时就得以最多的端口开放为准，此时如果个别边缘端开放了多余的端口就不会被模型发现，进而降低了系统整体安全性。

9.1.6 AI 存在的安全隐患

AI 技术作为边缘计算实际执行的部分同样也存在安全隐患。主要包括三点：

（1）AI 技术其实是一系列算法的总称，一般包括视觉处理算法、机器学习算法、进化计算算法、问答算法、模糊逻辑算法、博弈论算法等。在实现这些算法或者功能时，为了减少工作量，工程师经常调用已有的开源算法包或模块，从而构建起完整的应用。但这些开源包和模块很多为试验性质的，或并非商业性质的，并不会考虑是否存在代码级别的漏洞，或者运行在某些平台上时是否会产生进程、逻辑上的冲突。当这类代码被部署在工业应用中时，可能会带来安全风险。

（2）AI 本身一直存在技术伦理上的争议，一些负面争议①也反映在了系统安全问题上，AI 造成的安全问题谁才是责任主体；AI 在安全问题上的自我判断是否合理等。

（3）AI 技术反映在工业控制层面需要更谨慎。比如，上一章中提到的控制优化，如果采用全局优化，某些参数的变化可能是巨大的，那么反映在控制阶段，就很难如同数字变化那般迅速（如阀门的控制），这种大的控制上的变化会不会引入安全风险也应该考虑到，必须引入相应的约束机制增加安全性。

9.1.7 边缘计算存在算错情况

包括 AI 技术的应用，边缘计算也会存在算错的情况。比如，由于关键数据的异常（如延迟、中断导致的缺失）可能影响了运算的结果，这就需要对数据预处理方面采取合理的方法降低影响。还有数据模型本身训练不够充分导致一些合理的特殊情况不能够准确预测，这也需要对此有充分的评估。很多边缘计算使用的技术并不一定是确定式计算，计算本身也会存在不稳定或者误差，多尺度的容错机制在工业控制层面必须有所涉及。例如，某个关键数据通过传感器采集，如果该传感器故障导致数据异常，就需要通过其他相关参数联合分析这个数据是否合理，如自动化系统常用的非线性方程的方式，或者用与之存在直接关系的数据反推该数据（如在机械臂位移数据出现异常时，可以用监控图像分析代替位移传感器数据）。在许多大数据应用中，一些错误是可以容忍的，如服务推荐、股票预测等，这取决于结果是否关键以及误差度量情况。而工业控制领域中对实时性、容错、精准度要求可能会很高，而一些计算的实时性和准确度又是矛盾的。这也是该问题十分棘手的原因之一。

上面总结了七点边缘计算在工业智能化应用中面临的安全问题，有的是工业系统自身存在的，有些是引入边缘计算带入的。总之，系统安全是实施工业智能化之前就要充分考虑的问题，出问题再补救可能代价过大。

---

① 蓝江．人工智能的伦理挑战［N］．光明日报，2019-04-01（15）．

9.2 面向工业智能化的边缘计算安全体系

如何解决上面提出的诸多安全问题是一项复杂的系统工程，这里不仅包括传统的防入侵、防病毒、防注入等技术，也包括利用新兴技术（容器化、区块链等）构建的安全体系。本节重点考虑在构建安全体系时利用这些新兴技术的可行性。

9.2.1 容器技术在边缘计算安全中的应用

边缘计算的应用场景非常复杂。通过前面的分析，可以清晰地看到边缘计算平台并不是传统意义的只负责数据收集转发的网关。更重要的是，边缘计算平台需要提供智能化计算能力，而且能产生可操作的决策反馈并用来反向控制设备端。过去这些计算只能在云端完成，现在需要将云端的计算框架通过裁剪等手段，迁移至边缘计算平台，使得能在边缘计算平台上运行现成的智能算法。因此边缘计算平台需要一种技术在单个计算单元或者少数几个计算单元组成的小规模集群环境中实现分布式计算框架的资源调度。许多云计算厂商选择了利用容器技术①构建这种边缘计算平台的底层技术栈。原因主要有三点：

一是技术积累优势。虽然容器编排、开发的工作有一定的技术门槛，但与传统虚拟化技术较为类似，许多模块可以移植。

二是容器技术本身不仅有虚拟化技术的特性，也有对CPU、内存和存储的额外开销非常小，敏捷的生命周期管理等优点，非常适合边缘计算的应用场景。边缘计算平台不像云平台拥有理论上无限的计算资源，对资源隔离带来的额外开销比较敏感，弹性程度更高的容器部署可以更好地节约计算资源；另外，边缘计算平台的运算请求通常是事件驱动式的，特定的工作负载通过容器

---

① D. Bernstein. Containers and Cloud: From LXC to Docker to Kubernetes [J]. IEEE Cloud Computing, 2014, 1 (3): 81-84.

封装，不需要常驻内存的特性，正好满足了边缘计算平台的需求。①

三是边缘计算所需的开发工具和编程语言的多样性已经成为常态，因此使用一种运行环境的隔离技术以支持这种多样性开发。以 Docker 为主的容器技术和以 Kubernates 为主的容器编排工具的逐渐成熟，使得越来越多的工具可以通过容器封装、分发和运行。

而使用容器技术构建边缘计算安全体系时，有文献②提出三方面的考虑：

（1）基础架构安全。基础架构安全依赖于云厂商或者是专有云一些基础设施的安全能力，也包括 RAM 认证、细粒度 RAM 授权、支持审计能力等。

（2）安全软件供应链。这部分包括镜像签名、镜像扫描、安全合规等，甚至包括静态加密 BYOK、DevSecOps、安全分发等。

（3）容器运行时的安全。这部分包括安全沙箱隔离，还包括容器运行时其他方面一些安全机制，如 KMS（秘钥管理服务）集成、多租户的管理和隔离等。

实际中在边缘设备部署容器对硬件也是有门槛的，一些嵌入式架构的边缘设备部署容器就存在困难，包括兼容性和性能的问题。

9.2.2 区块链在边缘计算安全中的应用前景

区块链作为一个新兴且火爆的技术，被广泛地融入了诸多技术领域，其中也包括边缘计算。2017 年中国移动 5G 联合创新中心与中兴通讯、区块链技术与数据安全工业和信息化部重点实验室、北京大学新一代信息技术研究院合作，共同发布了《区块链+边缘计算白皮书》，聚焦于区块链与边缘计算技术和应用的结合点，探索二者结合产生的相互赋能、相互促进的前景，同时基于典型应用场景的需求提出了通用性技术方案（包括服务模式和部署方案），并总结了“区块链+边缘计算”应用拓展面临的挑战和发展趋势。③

---

① 容器化——边缘计算的新方向［EB/OL］.（2017-10-18）. https：//blog. csdn. net/PredixCN/artiole/details/78278773.

② 高步双（江博）. 安全容器在边缘计算场景下的实践［R］. 阿里云开发者社区，2019-11-19.

③ 中国移动 5G 联合创新中心 . 2020 年区块链+边缘计算白皮书［R］. 2020-06.

边缘计算与区块链有两点共性之处，被认为是相互结合的自然选择。一是两者都有着分布式的特点，有着去中心化的目标，边缘计算去云计算的中心化，区块链去认证记账的中心化。边缘计算提供分布式的合约存储和“挖矿计算”，区块链提供分布式的认证机制与共识机制。二是两者都存在链式结构，可以共同延展。边缘计算存在链式多跳网络形式，区块链本身就是一个合约上链的过程。因此如果在边缘计算中部署区块链，一方面数据对接便捷，传播路径可控，可以缓解带宽压力，提升传输实时性。另一方面区块链可以促进不同的边缘节点之间、“端—边—网—云”各方之间的协作同步，帮助建立边缘计算系统的完整性保障和防伪存证支撑资源，推动终端、数据、能力的开放共享。

但区块链+边缘计算是一个全新的交叉领域，其目前的发展还面临着较多挑战：

（1）技术成熟度尚待提升。区块链虽然经历了近 10 年的发展，但尚未达到类似传统技术的成熟度。且边缘应用和区块链应用开发工程师不足，二者交叉领域的开发者更少。

（2）区块链技术的资源开销尚待降低。由于共识机制和智能合约的存在，会导致共识、计算、网络以及存储开销显著加大。传统的共识机制常基于 POW（工作量证明）即函数计算，也就是常说的“挖矿”。而新兴的 POS（股权证明）、DPOS（委托权益证明）、PBFT（实用拜占庭容错算法）等方法虽然可以大大降低计算消耗但并没有被广泛采纳，其网络时延是否会影响边缘计算原有时延依然有待研究。同时由于边缘计算下沉位置较低的边缘节点通常资源受限，区块链平台在部署时也需要特定裁剪与优化。

本章小结

本章较为详细地分析了工业智能化以及边缘计算应用中存在的安全问题，并讨论了运用新技术——容器技术与区块链构建边缘计算安全体系的可行性。

10 基于工业智能化及边缘计算的等保 2.0

目前工业企业对信息系统安全的保护，基本上依托国家强制的网络安全等级保护 2.0 标准（以下简称等保 2.0）。因此必须结合等保 2.0 来分析网络安全在工业智能化以及边缘计算中的体现。

10.1 等保 2.0 中关于工业控制的部分

随着 2017 年《中华人民共和国网络安全法》的颁布，以及网络空间安全理念的不断深入，我国于 2019 年推出了等保 2.0 标准。新标准中加入了以人工智能、大数据、物联网、云计算、工业互联网为代表的新一代信息技术的安全要求，形成了四个扩展要求：云计算安全扩展要求、移动互联安全扩展要求、物联网安全扩展要求、工业控制安全扩展要求。① 其中，工业控制系统（以下简称 ICS）关系到能源、电力、石化、钢铁等国家支柱领域以及民生领域，也使得工业控制安全成为工业智能化关注的焦点。

依据《工业控制系统网络安全防护指南》《工业控制系统信息安全防护能力评估工作管理办法》，ICS 的安全评估已经有效开展；目前，基本做到对工控机、

① 马力，陈广勇，祝国邦．网络安全等级保护 2.0 国家标准解读［J］. 保密科学技术，2019，106（7）：14-19.

DSC、PLC、RTU、MES 以及操作系统、工业控制软件、工业控制器、安全配置、功能逻辑等方面的评估测试。于 2022 年 11 月 1 日正式实施了《信息安全技术 工业控制系统信息安全防护能力成熟度模型》（GB/T 41400—2022）（以下简称“模型”）。该模型将《工业控制系统网络安全防护指南》的 11 项防护要求细化为 10 个过程类 40 个过程域（PA）365 个基本实践（BP）。[①] 该模型从技术和管理能力角度，覆盖建设、制度、人员、技术工具多个层面。整个体系包括通用安全和核心保护对象安全，其中核心保护对象安全包括工业设备安全、工业主机安全、工业网络边界安全、工业控制软件安全、工业数据安全。[②]

同时，随着边缘计算、云—边结合、云原生等概念推动下的工业智能化，使得 ICS 架构、体系、组件更加复杂，安全性需求成倍增加。在实际的工业智能化改造时，经常出现人工智能或大数据工程师、生产运维工程师、信息安全测评工程师三方技术人员由于各自领域的局限出现沟通不畅的问题。比如，为了实现智能化、容器化、平台化，人工智能或大数据工程师往往希望系统上“云”，而生产运维工程师从生产安全责任出发，坚决反对任何接入外网的行为；同时人工智能或大数据工程师也可能因为不了解 ICS 可能存在不可控（很多采用国外品牌）、漏洞多（已经运行十几年未升级）等脆弱性，导致安全风险的引入。而网络安全工程师由于没有明晰方案，很难在两方之间找到平衡。因此在实际工业智能化改造项目实施过程中往往困难重重。虽然一些安全或工控厂家率先开发了面向 ICS 的安全评估工具或系统，但基本还是以传统的扫描主机安全、工控系统漏洞库匹配为主[③]，缺少深层次的风险挖掘。同时，边缘计算在工业智能化应用中可能并不直接控制工业设备，并不在 ICS 管控范围，因此也就不在等保 2.0 的测评范围。此外，如等保 2.0 体系并没有针对边缘计算硬件部署有专门的要求，如果边缘计算设备部署在机房等固定场所，可以根

---

① 威努特工控安全．《工业控制系统信息安全防护能力成熟度模型》标准解读［EB/OL］．工业互联网，2022.8.

② 冯兆文，马彦慧，曹国彦．工业控制系统终端渗透测试应用研究［J］．信息安全研究，2023，9（4）：313-320.

③ 姚相振，赵梓桐，周睿康，等．《信息安全技术 工业控制系统信息安全防护能力成熟度模型》国家标准解读［J］．自动化博览，2022，39（7）：48-52.

据通用要求，对物理安全、环境安全进行评估。但对于灵活部署的安全节点，尤其是在开放环境中的部署就难以获得有效评估。

2020 年，国家工业信息安全发展研究中心与工业信息安全产业发展联盟推出《工业互联网边缘计算安全白皮书（2020）》，在一定程度上给出了参考。但从等保 2.0 角度来看，依然缺少规范、标准的测评手段和方法。比如，等保测评 2.0 工业控制安全扩展测评项目中的安全区域边界，内容包括：

边界防护（a. 应保证跨越边界的访问和数据流通过边界设备提供的受控接口进行通信；b. 应能够对非授权设备私自连到内部网络的行为进行检查或限制）。

访问控制（a. 应在工业控制系统与企业其他系统之间部署访问控制设备，配置访问控制策略，禁止任何穿越边界的 E-Mail、Web、Telnet、Rlogin、FTP 等通用网络服务；b. 应在工业控制系统内安全域和安全域之间的边界防护机制失效时，及时进行报警）。

拨号使用控制（a. 工业控制系统确需使用拨号访问服务的，应限制具有拨号访问权限的用户数量，并采取用户身份鉴别和访问控制等措施；b. 拨号服务器和客户端均应使用经安全加固的操作系统，并采取数字证书认证、传输加密和访问控制等措施）。

无线使用控制［a. 应对所有参与无线通信的用户（人员、软件进程或者设备）提供唯一性标识和鉴别；b. 应对所有参与无线通信的用户（人员、软件进程或者设备）进行授权以及执行使用限制；c. 应对无线通信采取传输加密的安全措施，实现对传输报文的机密性保护；d. 对采用无线通信技术进行控制的工业控制系统，应能识别其物理环境中发射的未经授权的无线设备，并报告未经授权试图接入或干扰控制系统的行为］。

但是在实际测评过程中，往往出现工控系统不使用拨号和无线的情况，也就是只有边界防护和访问控制中的 4 个项目符合。而且笔者在实际参与审阅测评报告时发现，这种情况还占了绝大多数。也就是说，在工业控制安全扩展安全区域边界测评项目中，有一半的测评点适用度不高。当然也因为这些测评点可能对部分系统存在重要意义，因此必须保留。但是根据之前的分析，工控系统的边界安全风险远不止这些。换句话说，测评点不够详尽，细节也不够完备。

等保 2.0 中关于工业控制系统扩展的实施，对测评人员提出了更高的要求，不仅要对常规的网络信息系统安全领域全面掌握，而且要深入了解工业控制领域的相关知识。因此在测评人员的培训方面需要进一步强化，从工业控制体系到硬件、软件以及控制逻辑都要达到熟练掌握的程度。首先，需要测评人员对工业控制系统组成有所了解，对每个组成部分可能存在的安全隐患有基本的认识，对整体控制流程以及数据流较为明晰。相比于传统的 Windows、Linux 操作系统的相对统一，工业系统的统一性较弱。各个厂家的协议、配置、命令、功能码都存在差异，需要掌握的内容较多，也需要在测评的技术手册或参考中进行详尽的描述。许多工业网络协议看似简单，没有常见的 TCP 等协议复杂，但是逻辑关系非常严格，这也要求测评人员在逻辑上有清晰的认识，尤其是主从关系、功能码之类，会直接影响到通信的安全。目前许多企业使用的组态软件相对比较落后（需要匹配系统的需要），从而在组态的安全检查方面会非常烦琐，经常一个控制流程有成百上千个组态，这个部分的检查需要相当的耐心和对工业控制的熟悉。此外，测评人员也要考虑工业控制领域的特殊性：系统昂贵、维护困难，不是简单地通过工具扫描（匹配）出漏洞，然后给出升级系统的建议就万事大吉。实际上，要允许系统本身存在修复困难的漏洞，但通过多维度的加固依然能保持系统安全运行，这时就需要测评人员站在更高层次上审视安全模型与架构。在测评方案的制定上，不仅要从模型与架构入手，全面了解系统运行的状况与流程，还需要因地制宜地设计测评点和测评手段。

10.2 边缘计算与等保 2.0

10.2.1 边缘计算在等保 2.0 中的体现

目前等保 2.0 针对边缘计算并没有专项扩展，但是有几个方面会有所涉及：首先是通用要求。必须要满足企业级网络安全的要求，如物理与环境、通信与网络、设备与计算、应用与数据。除了之前提过的更灵活的环境条件，还要针对以嵌入式为主体的硬件、系统、平台有所侧重。其次，物联网扩展也对边缘计算有所涉及，虽然物联网基本以系统为单位，即边缘节点、终端节点与应用统一起来。测评也是针对整体进行测评，但考虑到边缘计算的应用或者服务的节点往往是工控系统，因此这种整体测评又与工业控制扩展部分有所重叠。最后，其与云计算扩展也是相关的。一是本身存在云边结合架构就必须按照云计算的安全要求进行测评；二是云计算实际也是按照不同服务模式如SaaS、PaaS、IaaS 等进行不同的安全要求，边缘计算如果符合相应的服务模式，可以参照类似方案进行测评。除了上述的已有关联以外，在安全管理中，重点关注与边缘计算相关的软硬件供应链安全（包括开源 AI 算法与平台）以及生产风险评估、生产安全响应的问题。

10.2.2 等保 2.0 中涉及工业智能化的其他问题

工业智能化的关键是工业数据的应用，无论是可视化、数字孪生还是建模预测，都离不开数据。因此数据的安全也是应该重点关注的问题，其中包含两个方面：

（1）数据的隐私保护，也就是防窃取。这里涉及数据传输安全、数据存储安全、数据访问安全以及数据使用安全。加密是数据传输、存储安全的重要手段，加密强度与可信度是必须测评的内容；数据存储还包括数据库的安全；全方位的分层次隔离方案也是必须考虑的因素；数据访问安全需要考虑访问认证与数据分级制度，不同认证角色的访问者只能获取相应级别敏感度的数据，避免过度暴露数据与责任不清；数据使用安全包括使用范围、使用手段和使用影响的评估。

（2）数据的备份与恢复，主要是面向容灾容错。数据作为企业核心资产且易于复制，多类型的备份方案在技术上显然拥有很高的“性价比”，但也需要加强数据备份的管理，避免备份数据不充分、不匹配与遗失的问题。

另外，工业系统上云时，不仅要按照云计算扩展进行测评，还要针对业务种类进行风险评估。由于等保测评 2.0 的定级标准基本以整体业务为单位，但如果某项子业务不适合上云或者风险较高时，可能需要分项定级或者提升整体级别并以最脆弱项为基准。在实际等保执法检查时也发现，越来越多的被测评单位倾向通过业务上云来减小系统安全风险和自己的安全责任，却忽视了业务上云引入的其他不可控风险。

再者，工业智能化在许多方面带来高效的人员管理、机器取代人等方面的收益。但也要考虑到可能涉及其他信息安全法规和行业伦理的可能。比如，对人员的监控，可能存在侵犯隐私，以及非法收集个人信息的问题；机器取代人后，形成的安全责任划分问题（可能涉及设备供应商、智能算法供应商、系统集成商、操作人员、运维人员、安全负责人等）。

10.3　等保 2.0 的边缘计算扩展增项

等保 2.0 体系拆分成了一个通用要求和四个扩展要求。其中安全通用要求是涵盖共性的安全保护需求，而针对云计算、大数据、工业控制系统和移动互联技术等不同领域的安全保护需求提出了安全扩展要求。与此同时依旧保留了技术和管理两个维度。二级要求项由 175 项变更为 135 项，三级要求项由 290 项变更为 211 项。在技术上，由物理安全、网络安全、主机安全、应用安全、数据安全，变更为安全物理环境、安全通信网络、安全区域边界、安全计算环境、安全管理中心；在管理上，结构并没有太大的变化，从安全管理制度、安全管理机构、人员安全管理、系统建设管理、系统运维管理，调整为安全管理制度、安全管理机构、安全管理人员、安全建设管理、安全运维管理。制定扩展增项需要参考《信息安全技术 网络安全等级保护定级指南》（GB/T 22240—2020）、《信息安全技术 网络安全等级保护基本要求》（GB/T 22239—2019）、《网络安全等级保护测评高风险判定指引》（T/ISEAA001—2020）。

笔者根据之前的安全分析和面临的挑战，列举出相应的边缘计算扩展建议增加项目，具体如下：

（1）安全物理环境

边缘计算设备所处的物理环境应不对设备造成物理破坏，如挤压、强震动、电磁干扰；

常规边缘计算设备应具有可供长时间工作的电力供应；

室外部署的设备应具备防盗、防水、防雷击、防风沙等的保护性外壳；

室外部署的设备放置应远离强电磁干扰、强热源等环境，如无法避免应及时做好应急处置及检修，保证设备正常运行；

有数据保存功能的边缘设备需部署在室内。

（2）安全通信网络

边缘设备与工控设备通信需进行身份认证、访问控制和数据加密传输；

边缘设备与云端通信需进行身份认证、访问控制和数据加密传输，且接入网需具备边界防护、入侵防范等安全机制；

如果边缘设备具有控制工控设备功能，不能直接与云端进行通信；

边缘设备之间的通信需进行身份认证、访问控制和数据加密传输。

（3）安全区域边界

1）接入控制

应保证只有授权的边缘设备可以接入边缘侧组成的内部网络。

2）访问控制

边缘设备访问工控设备时，需配置访问控制策略，严禁超过功能范畴的越界访问。

3）入侵防范

边缘设备如要连接外部网络，需检测、防止或限制从外部发起的网络攻击行为。

4）可信验证

对边缘设备进行维护更新时，系统程序、应用程序、配置参数需进行可信性验证。

5）无线使用控制

A）应对所有参与无线通信的设备提供唯一性标识和鉴别；

B）应对所有参与无线通信的设备进行授权以及执行使用限制；

C）应对无线通信采取传输加密的安全措施，实现对传输报文的机密性保护；

D）对采用无线通信技术控制工业控制系统的边缘设备，应能识别其物理环境中发射的未经授权的无线设备，并报告未经授权试图接入或干扰控制系统的行为。

（4）安全计算环境

计算应用审查：

对影响工业控制结果的计算进行仿真以及可靠性审查；

对计算过程中使用第三方库或工具包进行可靠性审查；

对由计算错误导致的结果进行重要性评估。

（5）安全管理中心

1）边缘计算设备需支持集中管控；

2）云边架构中，需按云服务和边缘服务划分责任，并能各自实现数据审计。

（6）安全建设管理

与工业控制系统直接通信的边缘设备应通过专业机构的安全性检测后方可采购使用；

利用本单位工业数据实施的软件、模型开发需有针对开发单位的在生命周期内有关保密、禁止关键技术扩散和设备行业专用等方面的约束性协议。

（7）安全运维管理

1）应指定人员定期巡视边缘节点设备的部署环境，对可能影响边缘节点设备正常工作的环境异常进行记录和维护；

2）应对边缘节点设备入库、存储、部署、携带、维修、丢失和报废等过程作出明确规定，并进行全程管理；

3）应加强对边缘节点设备部署环境的保密性管理，包括负责检查和维护的人员调离工作岗位应立即交还相关检查工具和检查维护记录等。

（8）重要性分级

主要根据与工业生产的相关性进行重要性分级：

五级：与工业控制设备直接相连且支持自动控制功能；

四级：与工业控制设备直接相连且仅支持手动控制功能；

三级：与工业控制设备直接相连且不存在任何控制功能；

二级：不与工业控制设备直接相连且收集来自工业控制设备的信息；

一级：不与工业控制设备直接相连且仅收集非来自工业控制设备的信息。

本章小结

通过对等保 2.0 的解读，分析了现有等保测评方式存在的不足并给出相关建议。系统安全是工业智能化的一个重要前提，虽然面临诸多困难，但对于从事相关工作的人员来说必须认真谨慎、科学合理、积极且稳妥地保障工业智能化的推动。

主要参考文献

［1］中国电子报社，TD-SCDMA 产业联盟组．TD-SCDMA 产业十年发展历程［M］．电子工业出版社，2008.

［2］潘云鹤．AI2.0 和工业经济发展智能化［R］．2019 中国（杭州）工业互联网大会，2019.

［3］中国移动 5G 联合创新中心．2020 年区块链+边缘计算白皮书［R］．2020-06.

［4］姚建铨．边缘计算理论科学问题初探［R］．2020 边缘计算产业峰会，2000.

［5］马力，陈广勇，祝国邦．网络安全等级保护 2.0 国家标准解读［J］．保密科学技术，2019，106（7）.

［6］冯兆文，马彦慧，曹国彦．工业控制系统终端渗透测试应用研究［J］．信息安全研究，2023，9（4）.

［7］施巍松，张星洲，王一帆，等．边缘计算：现状与展望［J］．计算机研究与发展，2019，56（1）.

［8］Y. Liu，J. E. Fieldsend and G. Min. A Framework of Fog Computing：Architecture，Challenges，and Optimization［J］. IEEE Access，2017（5）.

［9］Buchanan，Bruce G. A（Very）Brief History of Artificial Intelligence［J］. AI Magazine，2005，26（4）.

［10］P. C. Evans and M. Annunziata，Industrial Internet：Pushing the boundaries of minds and machines [J]. Gen. Elect. , 2012, 26 (1).

[11] F. Bonomi, R. Milito, P. Natarajan, J. Zhu. Fog Computing: A Platform for Internet of Things and Analytics (Studies in Computational Intelligence in Big Data and Internet of Things: A Roadmap for Smart Environments) [J]. Cham, Switzerland: Springer, 2014, 546.

[12] L. M. Vaquero, L. Rodero - Merino. Finding your way in the fog: Towards a comprehensivedefifinition of fog computing [J]. ACM SIGCOMM Comput. Commun. Rev. , 2014, 44 (5).

[13] Yang Liu, Zhikui Chen, Xiaoning Lv. An architecture of deluge computing in the Internet of Things [C] //IEEE. Proceeding of DoIoT workshop on CPSCom&iThings 2011, 2011.

[14] J. Pezoa, S. Dhakal, and M. Hayat. Maximizing service reliability in distributed computing systems with random node failures: Theory and implementation [J]. IEEE Trans. Parallel Distrib. Syst. , 2010, 21 (10).

[15] J. Ren, Y. Zhang, K. Zhang and X. Shen. Exploiting mobile crowdsourcing for pervasive cloud services: challenges and solutions [J]. IEEE Commun. Mag. , 2015, 53 (3).

[16] Wing, J. M. . The Data Life Cycle [R]. Harvard Data Science Review, 1 (1), 2019; D. C. Nguyen et al. . Enabling AI in Future Wireless Networks: A Data Life Cycle Perspective [J]. IEEE Communications Surveys & Tutorials, 2021, 23 (1).

[17] Chunlin Wang, Yang Liu, Song Zheng, Aipeng Jiang. Optimizing combustion of coal fired boilers for reducing NOxemission using Gaussian Process [J]. Energy, 2018, 153.

后　记

笔者从 2010 年开始从事物联网相关的研发工作，尤其对物联网智能网关的开发颇有兴趣。主要是考虑彼时物联网刚兴起，各种各样的物联网体系与协议层出不穷，没有一个中心式的物联网网关，连一个简单的智能家居系统都无法完成。当时，将 Zigbee、Wi-Fi、3G、红外、蓝牙、433MHz 集成在一个 ARM 开发板中，软件方面使用了 Linux 系统和 QT 平台，能做一些基础的数据处理工作，已经迫不及待把网关冠以“智能”的名头。2014 年时，笔者关注到雾计算的概念，直觉上认为雾计算与物联网网关有着“宿命般”的关系，随即将研究方向转向雾计算，并于 2015 年前往英国进行相关博士后研究。在博士后前半阶段，主要是针对雾计算中任务分配与资源调度进行理论研究，在后半阶段，参与了实验室同事的工业自动化相关工作，又顺利将理论与实践结合了起来。完成博士后研究回国后，加入初创公司，继续尝试将雾计算与工业控制优化相结合。也是在此期间，边缘计算的概念成为更主流的名词，但本质上与雾计算相比并没有很大改变。很不幸的是，科技型的初创企业本身就具有很大风险，又赶上疫情汹涌，只能在 2020 年底重新走回讲台。教学工作是网络安全，也算是老本行（八年的网安课程讲教经历，2010 年左右也做了一些等保测评工作）。也正逢等保 2.0 的发布与实施，工业信息系统正式成为网络安全评测的一部分，便产生了将工业、智能、边缘计算、网络安全结合在一起形成学术著作的想法，这也是对自己十余年研究、开发工作的总结。

特别感谢大连理工大学大数据研究所的同事、英国埃克塞特大学计算机系的同事以及辽宁省公安大数据智能应用重点实验室的同事，为本书的写作提供的支持和帮助。

刘 旸

2024 年 10 月